마늘

우리나라의 4대 채소

마늘은 알싸한 맛과 향뿐 아니라 '알리신'을 포함해 여러 유용한 성분들을 함유하고 있어 항암효과, 피로 해소, 면역력 강화 등에 도움을 준다.

마늘

학 명 *Allium sativum* L.

식물학적 특성

마늘은 외떡잎식물 백합과 여러해살이풀로 원산지는 중앙아시아와 이집트로 추정된다. 내서성(耐暑性)이 약한 작물이고 내한성(耐寒性)도 강한 편이 아니므로 온대 남부로부터 아열대 북부지역이 재배적지이다. 잎과 줄기의 생육적온은 18~20℃이고, 생육이 전진되었을 때 25℃의 고온에서는 잘 자라지 않으므로 잎과 줄기가 마르게 된다. 우리나라에서 마늘의 재배지는 겨울 동안 비교적 온난하고 눈이나 비가 적당히 오며, 별로 건조하지 않는 지대로서 봄이 긴 지방에서 재배가 잘 된다. 토양은 경토가 깊고 배수가 좋으면서 보수력이 있으며, 부식이 많은 비옥한 중점토, 점질토에서 마늘구가 단단하고 열구가 적으며, 품질이 좋은 마늘이 생산된다. 토양산도의 적응범위는 중성 부근으로 석회나 추비의 시여 효과가 크다.

식품가치 및 이용

마늘에는 당질이 많이 함유되어 있는데, 마늘의 인편에 저장되어 있는 탄수화물은 프룩토산 (fructosan)으로 알려져 있다. 무기질로는 인이 많이 함유되어 있고, 비타민류는 비타민B와 C가 소량 함유되어 있다. 마늘의 독특한 냄새와 자극적인 맛은 여러 가지 황화합물에 의한 것이다. 특히 그중에서 가장 중요한 성분은 알리인(alliin)이라고 하는 배당체이다. 이 성분은 분해되어 알리신(allicin)을 생성하고 알리신은 다양한 약리성분을 나타내는 것으로 알려져 있다. 예를 들어, 알리신은 비타민B1과 결합하여 활성비타민(allithiamine)을 생성하여 비타민B1의 흡수 이용률을 높이며, 단백질과 결합하여 단백질+알리신 복합체를 형성하여 단백질의 이용률을 증대시킨다. 또한, 알리신은 세포막을 구성하는 인지질의 산화를 억제하여 노화를 방지하는 작용을 한다. 이와 더불어 마늘의 특수성분은 강장, 정장, 이뇨, 발한, 해독, 혈액순환 촉진 등에 효과가 있으며, 아울러 감기, 고혈압, 빈혈, 편도염, 불면증, 각기병 등의 각종 질병을 예방하고 치료하는데 좋은 것으로 알려져 있다. 그리고 미국 국립암연구소의 발표에 의하면 마늘은 항암식품 중에서 가장 우수한 식품으로 주목받고 있다.

주요 농작업

생육과정(주요농작업)

8월	9월	10월	11월	12월	1월	2월	3월	4월	5월	6월	7월
		난지형 마늘 엽신장기									
	발아기			월동기		한지형 엽출현기 난지형 쪽분화기			추대기		
종구 소독	파종	짚, 비닐		배수구정비					쪽비대기		
						짚걷기 1회	2회 웃거름 (난지형)	2회 웃거름 (한지형)	쫑제거(난지) 쫑제거(한지)	수확(난지) 수확(한지)	

생육과정(주요농작업)

8월	9월	10월	11월	12월	1월	2월	3월	4월	5월	6월	7월
	가뭄		저온	혹한	저온	잦은비		가뭄		장마	
	발아불량 초기생육불량		초기생육불량	동해	생육불량	습해발생 병해다발		구비대불량, 잎끝고사 고자리파리		수확지연 열구	

※ 농촌진흥청 농사로 인용

재배법

씨마늘 준비와 파종 바이러스 및 병해충 감염이 적은 씨마늘로 쪽당 4~5g정도인 것을 종자소독 하여 중부지방에서는 10월중~하순, 남부지방에서는 9월상순~10월 상순에 줄사이 15~20cm에 포기사이10~12cm 간격으로 심는다.

거름주기 파종 2주 전에 퇴비(3000kg/10a)와 석회(150kg/10a)를 고루 뿌린 후 깊이갈이 한다. 또한 파종 1~2일 전에 화학비료를 밑거름으로 주고(질소 20kg/10a, 인산 39kg, 칼리 14kg) 추비는 난지형은 3월 하순, 한지형은 4월 하순 이전까지(질소 17kg, 칼리 14kg) 사용하여 2차 생장을 도모한다.

잡초방제 제초제는 파종 복토 후 3일 이내에 처리하는 토양처리제와 잡초가 3~5엽기에 처리하는 경엽처리제로 구분하여 사용하며 경엽처리제를 고온기에 사용전 · 후에 사질토에서 약해우려가 있으니 주의해야 한다.

월동관리 및 관수관리 동절기 혹한이 긴 지역에서는 투명무공 PE 피복시 월동율을 높일 수 있다. 본격적인 구비대기(5~6월)에는 10일 간격으로 30mm 정도씩 충분히 물을 준다.

마늘쫑 뽑기 마늘쫑 나오는 시기와 구비대기가 일치하므로 나오는 즉시 2~3회 걸쳐 뽑아 주어야 하며 가급적 아침 일찍 또는 해질 무렵에 주아재배에 이용할 건전한 쫑은 남기고 제거한다.

수확 및 저장 잎과 줄기가 2/3~1/2 황변시 맑은 날 수확한다. 수확이 늦으면 마늘 저장성이 떨어지고 열구와 부패과가 많이 발생한다. 마늘의 장기저장을 위해서는 수분함량을 65%정도 되도록 건조하며 자연건조는 수확직후 바람이 잘 통하는 곳에 2~3개월 건조하며 열풍건조는 40~43℃에서 2~3일 건조 후 0~3℃, 습도65~70% 저장 조건을 유지시켜 저장한다.

저자 차광홍. 정우진. 김길용

마 늘 Garlic
병해충방제 핵심재배법

- 병해충생리장애방제
- 친환경방제
- PLS등록약제방제
- 바이러스분류
- 세균분류
- 진균 및 기타분류
- 천적이용방제
- 잡초관리

학술정보센터

전남대학교 친환경농업연구소

목차

I 마늘

병해

해충

목차

II PLS(농약허용물질관리제도)

PLS(농약허용물진관리제도)

부록

III 식물병원체

식물병원체

IV 천적 이용 방제편

천적 이용 실천 전략

노지재배에서 천적 보호

부록

IV 천적 이용 방제편

대량증식 천적 이용

시설작물 해충의 천적

진딧물의 천적

잎응애의 천적

가루이의 천적

부록

Ⅳ 천적 이용 방제편

시설작물 해충의 천적

총채벌레의 천적

잎굴파리의 천적

나비목 해충류의 천적

작은뿌리파리의 천적

천적이용의 클레임과 대책

부록

V 잡초관리

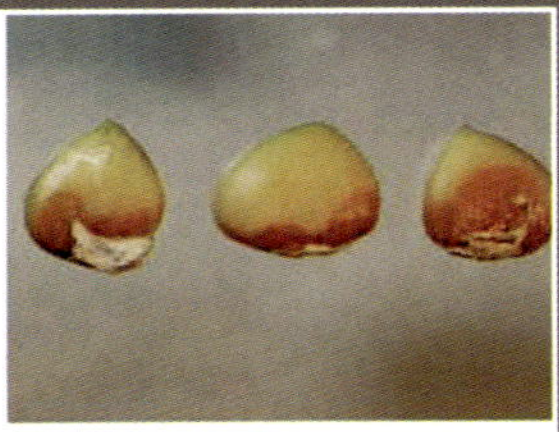

마늘 병해

병해는 식물이나, 곡물등 유용 식물이 균으로부터 피해를 입는 것을 말한다.

01 마늘 검은무늬병
(黑斑病 Alternaria leaf spot)

병징 및 발생생태 *Alternaria poril* 에 의한 곰팡이병으로, 긴 곤봉상의 분생포자를 형성하며 발아 적온은 24~27℃이다. 균사의 형태로 종자의 표면이나 병든 식물의 잔재물에서 월동하며 공기 전염한다. 병징은 잎과 줄기에 타원형~방추형의 갈색 병무늬가 생겨 세로로 길게 확대된다. 병무늬 표면에는 검은색 가루(분생포자)가 생긴다. 이 병은 생육기에 비절이 생기고 초세가 약할 때 많이 발생한다. 또한 온도가 비교적 높고 비가 많이 온 후에 발생이 많아지는 경향이다.

방제 건전한 종구를 사용하고 종자소독한다. 병든 잎이나 줄기는 일찍 제거하며 발병이 심한 곳은 1~2년간 돌려짓기를 한다. 충분히 시비하고 퇴비 등 유기물을 사용하여 왕성한 생육을 유도 한다.

02 마늘 녹병
(銹病 Rust)

병징 및 발생생태 *Puccinia allii*에 의한 곰팡이병으로 발병 식물에 동포자형으로 월동하여 이듬해 봄 하포자로 비산 전염한다. 기주 식물은 파, 양파, 마늘이다. 잎과 꽃자루 표면에 등황색의 방추형 또는 원형의 다소 융기한 적은 하포자퇴를 형성하며 그 표면이 갈라져 등황색의 분상 하포자퇴를 비산한다. 다발생하면 잎 전체가 황갈색으로 변색 고사하며 잎의 외관을 손상시켜 가격이 떨어지므로 피해가 크다.

방제 병든 식물체는 제거하고 포장에 이병 잔재물이 남아있지 않도록 포장을 청결히 관리한다. 비료를 충분히 사용하여 왕성한 생육이 되도록 한다. 해마다 계속 발생하는 포장은 다른 작물로 윤작한다. 발병초기에 등록된 적용약제를 살포한다.

03 마늘 잎마름병

(葉枯病 Tip blight)

병징 및 발생생태 *Pleospora herbarum* 에 의한 곰팡이병으로 잎과 꽃줄기에 방추형의 적자색 병무늬가 형성되고 확대되며 표면에 검은색의 분생포자가 생긴다. 검은무늬병처럼 겹둥근무늬는 형성되지 않는다. 병원균은 균사나 분생포자의 형태로 종자 표면에서 자낭각 혹은 분생포자의 형태로 병든 식물체 부위에서 월동하며 공기전염 한다. 이 병은 생육후기에 비료기가 떨어졌을 때 발생하며 비가 자주 오고 온도가 비교적 높을 때 다발한다. 주로 잎에 발생하지만 엽초(葉鞘)에도 발병한다. 심하면 잎집과 인편에도 발생한다.

방제 발병이 심한 곳에서는 2~3년간 돌려짓기를 한다. 병든 잎은 일찍 제거하고 수확 후 포장위생에 유의한다. 건전종구를 사용하거나 종구소독 한다. 작물의 생육중에 비료가 부족하지 않도록 주의하고, 균형시비를 한다. 발병초기에 등록된 적용약제를 살포한다.

04 마늘 잎집썩음병
(葉鞘腐敗病, 春腐病 Sheath rot)

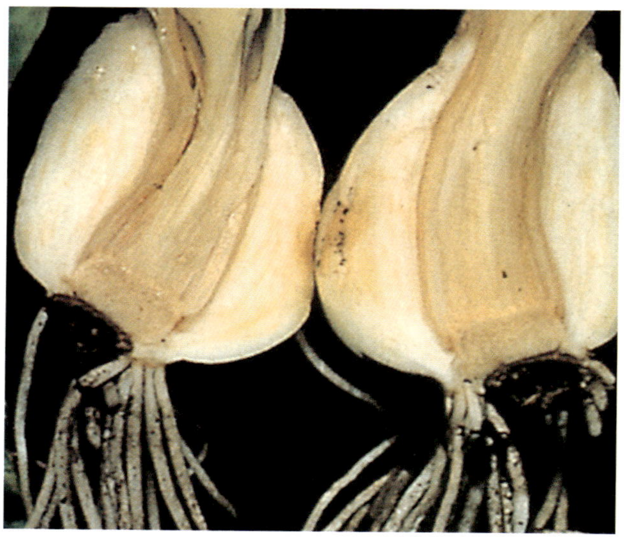

병징 및 발생생태 주로 생육 중기에 마늘의 잎집이 담갈색으로 변해 썩어들어가면서 심한 악취가 난다. 심하면 식물체의 감염부위가 물러 썩어서 부러지고 말라죽는다. 심하게 발생하면 잎과 종구(種球)에도 발생한다. 아래 잎의 잎몸 밑 부분이나 엽초(葉鞘)에서 발병하지만 심엽(心葉)에서의 발병도 있다. 어두운 녹색으로 수침상의 병반이 생기고 점차 잎 몸과 엽초(葉鞘)에 확대하고 갈색으로 물러져 썩는다. 엽초(葉鞘)가 썩으면 쓰러지고 줄기를 포함한 전체가 썩는다. 아래의 3~4잎 정도가 썩고 증상이 진행되지 않는 것도 많다. 낮은 습도의 환경에서는 초기 병반은 연한 갈색의 점무늬로, 약간 앞선 것은 잎 몸과 엽초(葉鞘)에 갈색의 가지얼룩을 만들고 정체한다. 썩는 냄새는 거의 없다. 기온 10℃ 전후의 저온으로 다습한 환경에서 발병하고 20℃ 이상이 되면 적어진다. 또 눈이 녹은 직후부터 발병하고 저온으로 다습한 환경에서는 수확기까지 이어지고 강풍 후에 다습하거나 또는 투명멀칭 재배에서 많이 생긴다는 보고가 있다.

병원균 *Pseudomonas marginalis* pv. *marginalis* (Brown 1918) 세균으로 병원균은 막대모양으로 1~3개의 극모가 있는 그람음성의 호기성으로 생육의 적온은 28~30℃, 최저 2℃, 최고 36~37℃이다.

방제 이병 잔재물을 제거, 소각한다. 작업시 식물체에 상처가 나지 않도록 주의한다.

05 마늘 갈색잎마름병

(褐色葉枯病 Brown Leaf spot)

병징 및 발생생태 처음에는 잎에 백색 내지 황백색의 타원형 병반으로 나타나고, 심하면 잎 전체가 말라죽는다. 병반 중앙에는 흑색의 분생포자가 무수히 형성되는 것을 볼 수 있다. 병든 식물체의 조직 내에서 균사나 분생포자 형태로 월동하는 것으로 생각된다. 비가 많이 내리는 해에 발생하지만, 큰 피해는 없다.

병원균 *Heterosporium allii* (Ellis & Martin) Jacq. 진균계의 불완전균에 속하며, 분생포자경과 분생포자를 형성한다. 분생포자는 암갈색이며 원통형으로, 크기는 45~90×9~10㎛이다. 포자는 보통 3~4개의 포자로 되어 있으며, 분생포자 주위에는 돌기가 돋아나 있다.

전염 2차 전염은 병반 위에 형성된 분생포자가 비산해서 공기전염한다.

방제 이병(병든) 잔재물을 제거하고 포장 안의 과습을 피한다. 피해가 극히 미약하여 약제를 별도로 살포할 필요는 없다.

06 마늘 흑색썩음균핵병

(黑腐菌核病 White rot)

병징 및 발생상태 인경, 뿌리, 잎에 발생한다. 인경에는 처음 흰균사가 인경 표면에 나타나고, 진전되면 인경 전체가 흑색으로 변해 썩는다. 후에 인경과 뿌리가 변색되어 썩고, 심하면 지상부 줄기까지 물러 썩는다. 지상부의 잎은 아래쪽부터 누렇게 변하고, 심해지면 포기 전체가 갈색으로 변해 말라죽는다. 병 발생은 2~3월, 비교적 저온기에 발생하여 피해를 주지만, 5월 이후에는 병의 발생이 정지된다.

병원균 *Sclerotium cepivorum* Berk. 진균계의 불완전균에 속하며, 소형 균핵을 형성 한다. 균핵은 흑색의 구형 또는 편구형이며, 그 크기는 0.3~1.0x0.4~1.5mm이다. 병원균의 생육 적온은 2~30℃이며, 적온은 20℃ 전후이다. 소형 분생포자가 배지 위에서 형성되지만, 병원성에 대해서는 아직 명확하지 않다. 소형 분생포자는 무색의 구형으로 지름은 2.5㎛이다.

전염 병원균의 균핵이 토양 중에서 월동하여 다음해 1차전염원이 된다. 감염된 묘상에서 자란 묘가 다른 포장에 재식될 때 전염되며, 농기구에 묻은 흙에 의해서도 다른 포장으로 전염될 수 있다.

방제 밭토양에서 발생이 많으므로 답전 윤환이 가능한 지역이나 이모작이 가능한 지역에서는 벼를 재배하거나 논에서 재배하면 효과적으로 발생을 줄일 수 있다. 재배 중에 병든 포기는 일찍 제거하여 다른 포장으로의 확산을 방지 한다. 이 병은 대표적인 토양 전염성 병해이므로 작업시 농기계(트랙터, 경운기)에 의해 이병 포장의 흙이 건전포장으로 유입되지 않도록 작업 후 반드시 작업기구를 깨끗이 세척해야 한다. 인경류 작물의 연작(양파, 파, 쪽파 등)을 피한다. 토양 소독은 다조멧 입제 등 훈증 효과가 있는 약제를, 여름 고온기에 본밭에 뿌린 후에 트랙터 로터리를 이용 토양 혼화한다. 일반 살균제로 방제 시는 적용약제를 마늘 뿌리 부분에 침지한 다음 본밭에 정식한다.

07 마늘 마른썩음병

(乾腐病 Dry rot)

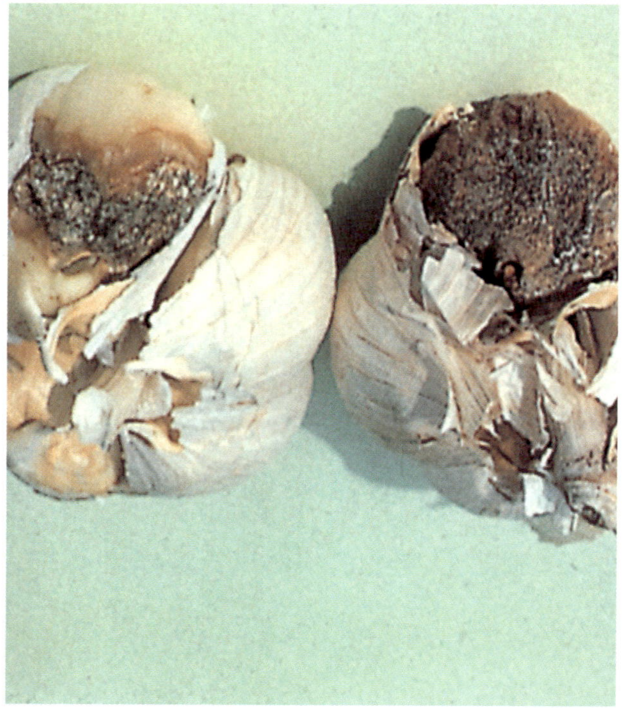

병징 및 발생생태 병원균은 *Fusarium oxysporum* 이며 토양 전염성 곰팡이로 토양중에 널리 분포하고 밀도가 높다. 토양중에 생존하는 균으로 수확시 종구에 묻어 저장중에 병을 일으킨다. 특히 다습하고 고온기인 여름철에 피해가 크며 상처가 있는 인편부터 피해가 발생한다. 전 생육기에 발생하지만 특히 저장중에 많이 나타난다. 포장에서는 잎이 구부러지고 황화되며 시드는데 심한 경우에는 잎이 오그라들면서 마르고 뿌리는 썩어 쉽게 뽑힌다. 마늘을 까보면 1개 혹은 몇 개의 인편이 뿌리부분부터 썩어 있기도 하며 병든 부위는 갈색을 띠며 썩고 흰 곰팡이가 보이기도 한다.

방제 연작을 피하고, 병 발생이 심한 토양은 5년 이상 돌려짓기를 해야 한다. 석회 시용으로 토양 산도를 높이고 (pH 6.5~7.0), 토양선충이나 토양미소동물에 의해 뿌리에 상처가 나지 않도록 한다. 미숙퇴비 시용을 금하고, 토양 내 염류 농도가 높지 않게 주의한다. 토양을 장기간 담수하거나 태양열 소독을 하면 병원균의 밀도를 낮출 수 있다.

08 마늘 잿빛곰팡이병

(灰色黴病 Gray mold)

병징 및 발생상태 주로 잎에 발생한다. 잎에서는 처음 갈색 수침상의 병반이 형성되고, 진전되면 병반이 확대되고 잎이 말라죽는다.

병원균 *Botrytis allii* (Munn)는 진균계의 불완전균에 속하며, 분생 포자와 균핵을 형성한다. 분생포자의 크기는 7~10x5~6㎛이다. 생육온도는 5~30℃이고, 25℃ 전후에서 잘 생육한다.

전염 *B.allii* 에 의한 병은 수확시기에 땅 표면의 노쇠한 잎에 발생하며, 주된 피해는 저장중에 발생 한다. 수확할 때 비가 오거나 비를 맞은 수확물을 저장할 때, 심하게 발생한다.

방제 병든 잔재물은 신속히 제거하고, 포장을 청결하게 해야 한다. 배수구를 정리하여 물 빠짐을 좋게 하고, 포장이 과습하지 않도록 관리한다. 피복이나 멀칭을 하여 병원균의 비산을 방지한다. 밀식을 피하고, 질소비료를 과다하게 주지 않도록 주의한다.

09 마늘 푸른곰팡이병

(靑黴病 Blue mold, Penicillium rot)

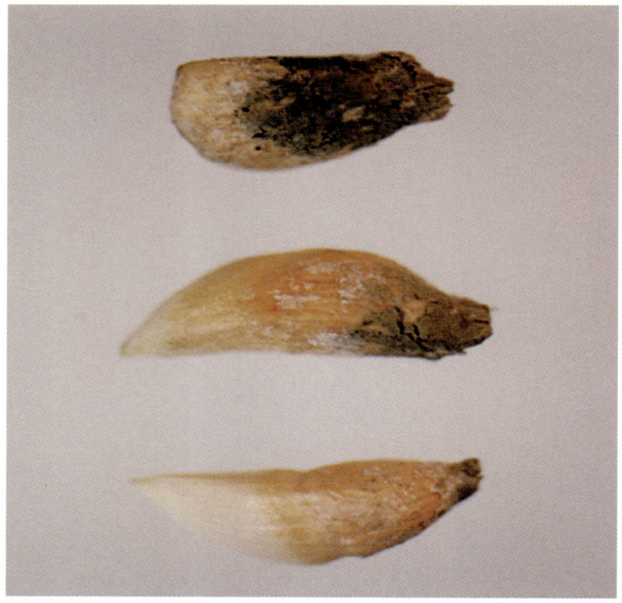

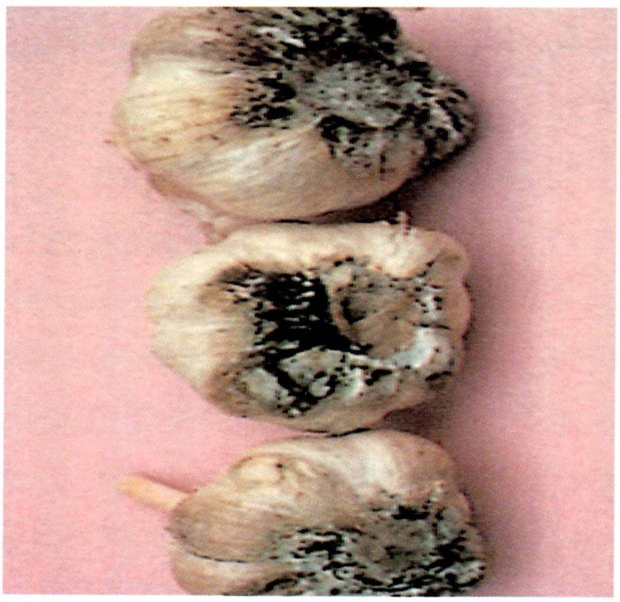

병징 및 발생생태 병원균은 *Penicillium hirsutum* 이며 2~4℃의 낮은 온도에서도 생장한다. 인편에 발생하며 저장중의 마늘에 피해가 크나 포장에서도 발생한다. 저장중인 마늘에서는 인편의 뿌리부분이나 상처부위에 처음에는 담갈색의 반점이 나타나고 흰균사가 자라다가 진전되면서 푸른곰팡이가 형성된다. 심한 경우 인편 전체가 푸른곰팡이로 뒤덮인다. 생육중인 마늘에는 파종 후 발아 시에 나타나는데 정상적인 생육을 하지 못하고 위축되며 잎이 변색된다.

전염 병원균은 주로 균사의 형태로 토양중에 있는 유기물에서 월동 후, 분생포자를 형성하여 1차전염원이 된다.

방제 재배중이나 수확시 종구에 상처가 나지 않도록 주의하며 비오는 날 수확하거나 비를 맞히지 않는다. 파종시 건전종자를 이용하거나 종구를 파종 전에 베노람수화제를 침지하거나 분의 처리한다. 저장시에는 다습조건을 피하고 저온 저장한다. 병든 식물체는 일찍 제거한다.

10 마늘 무름병

(軟腐病 Bacterial soft rot)

병징 및 발생생태 병원균은 *Ervinia carotovora* 이며 토양에 있는 식물체의 잔존물이나 기주 식물의 뿌리, 관개수, 곤충의 번데기 등에서 월동하며 월동한 세균은 주로 고자리파·리의 유충이 가해할 때 침입되고 농작업에 의해서 생긴 상처를 통하여 침입 증식되기도 한다. 침입한 세균들은 식물 세포 중벽의 펙틴을 분해하는 효소를 분비하여 세균 사이로 이동하면서 인접한 세포를 파괴함으로서 조직이 물러 썩게 되고 악취를 내게 된다. 병이 발생하면 지하 연백부를 부패시키고 녹색부에서는 엽맥을 따라 작은 방추형 수침상의 병반이 생겨서 점차 물러져 썩으며 인편이 물러지고 썩을 수도 있다. 비가 올 때 수확하면 저장 중에도 발병을 하며 피해부는 물렁물렁 썩고 심한 냄새가 나는 것이 특징이다.

병원균 *Erwinia carotovora* subsp. *carotovora* (Jones 1901) Bergey, Harrison, Breed, Hammer and Huntoon 1923 세균의 일종으로 균체는 막대모양이며 크기 1.0~2.3×0.5~1.0㎛로 4~7개의 주모가 있는 그람 음성의 혐기성이다. 육즙한천 배지위에 원형이나 아메바모양의 흰색 콜로니가 생기고 생육의 적온은 26~28℃, 최저 5~6℃, 최고 36~37℃이다.

방제 피해 포기는 발견 즉시 제거하고 연작을 피하며 화본과 작물과 윤작한다. 파종하기 전에 토양살충제를 넣어 고자리파리를 예방한다.

11 마늘 황반병

(黃斑病 Cercospora leaf spot)

병징 및 발생생태 잎에 생긴다. 처음 흰색~누런 흰색으로 윤곽이 흐릿한 타원~방추형의 병반을 만든다. 병반은 점차 확대되고 이어서 중앙부분에 검은색 그을음 모양의 분생포자를 만든다. 병반이 많이 생긴 잎은 황화하고 줄기를 향해서 시들어 결국에는 줄기를 남기고 선채로 마르는 증상이 된다. 한 포장에서 보면 부분적으로 고사하는 모양이 된다.

병원균 *Heterosporium allii* Ellis et Martin 사상균의 일종으로 불완전 균류에 속하며 분생 포자 자루와 분생포자가 생긴다. 분생포자 자루는 격막이 있고 불규칙하게 구부러진 관절모양으로 부풀러 커진 부분이 있고 분생포자의 이탈 흔적이 보인다. 또, 분생포자는 연한 갈색의 고치 모양~원통모양으로 보통 1~3개의 격막이 있고 크기는 32.5~67.5×12.5~17.5㎛이다. 배지위에서의 균사생육은 매우 느리다. 생육의 적온은 15~20℃로, 5, 10, 25℃에서도 생육하지만 30℃ 에서는 거의 생육하지 않는다.

전염 병든 잎에 만들어진 분생포자에 의해 전염한다. 피해그루와 함께 월동하는 것으로 생각되지만 자세한 것은 불명이다.

12 마늘 홍색뿌리썩음병

(紅色根腐病 Pink root rot)

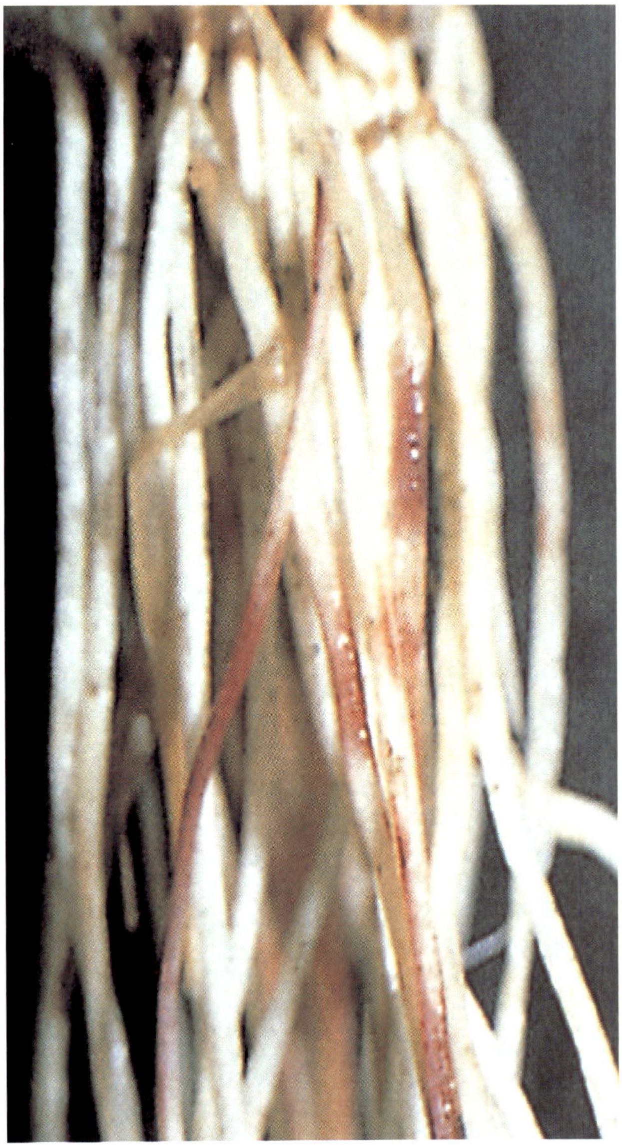

병징 및 발생생태 피해가 진행되는 방식이 만성적이고 지상부에 뚜렷한 병징을 나타내고 생육후기가 되어 아래 잎이 누런색으로 변하고 점차 마른다. 본 병에 의해서 그루가 단기간에 말라죽은 것은 거의 없지만 생육이 쇠약해져 건강한 그루에 비해 시들어 올라가는 것이 빠르다. 피해그루는 뿌리가 점차 썩어서 홍색을 띠는데 이 부분에는 검은색의 강모가 돌출되어 있는 것이 관찰되며 그 하부의 조직 중에는 거의 구형인 병자각이 보인다.

병원균 *Pyrenochaeta* sp. 사상균의 일종으로 불완전 균류에 속한다. 종명은 분명하지 않다. 병자각과 분생포자(병포자)를 만든다. 병자각은 100~320㎛의 구형으로 검은색~검은 갈색이며 유두돌기와 껍질구멍이 있다. 목 부분 부근에 강모가 생기고 이것이 피해부분에 노출되어 있다. 분생포자는 크기 3.5~5.5 × 1.8~2.8㎛로 난형~긴 타원형으로 펀펀하며 매끄럽고 무색의 단포로 기름방울 모양의 물질이 있다.

전염 병원균은 병든 그루의 뿌리 찌꺼기와 함께 땅속에 남아 토양에 전염한다. 따라서 이어짓기의 정도가 높아질수록 피해가 증가한다. 종구편에 의한 전염은 거의 없다.

13 마늘 백견병
(白絹病 Southern blight)

병징 및 발생생태 이른 봄부터 장마철(수확기)까지 생긴다. 줄기 지제부의 표면이 감염되어 갈색으로 변하고 그루의 생육이 쇠약해지며 잎은 생기를 잃고 점차 시든다. 지제부와 근처의 지표면에 광택이 있는 흰색의 균사를 발생하며 나중에 지름 1~2mm의 구형으로 흰색~갈색의 광택이 있는 균핵이 많이 생긴다. 시장 병해로 피해를 볼 수 있다. 고온으로 비가 많이 내리는 해에 피해가 많다.

병원균 *Sclerotium rolfsii* Saccardo 사상균의 일종으로 불완전 균류에 속하며 균핵과 드물게 담자포자를 만든다. 포장에서는 담자포자 형성은 매우 드물다. 병든 부분에서의 균사는 흰색 명주실 모양으로 기중균사에 풍부하고 격막이 있으며 곳곳에 클램프 연결체가 보인다. 균핵은 처음 흰색을 보이고 나중에 갈색으로 변한다. 생육의 적온은 25~35℃, 최저 8℃, 최고 40℃이다. 산성에 대한 저항력이 강하다. 본 균은 다범성으로 박과, 가지과, 콩과 등 많은 식물을 감염한다.

전염 피해식물이나 토양 등에 균핵이 섞여 오랜 세월 생존해서 전염원이 된다. 토양 중에 섞인 균핵은 적당한 온도와 습도를 만나면 균사를 발생해서 마늘을 감염한다.

방제 토양전염성 다범성균으로 연작지에서 많으므로 백합과 채소 이외의 작물과 돌려짓기를 하며 발생 시는 병든 작물체를 뽑아 매몰한다.

14 마늘 바이러스병

병징 (1) 샬롯 잠재 바이러스 shallot latent *carlavirus* (SLV) : 잎에 증상은 나타나지 않고 병징이 없이 감염한다. 단독 감염에는 생육억제에 불과하다. 모자이크 증상은 마늘 모자이크 바이러스에 기인하고 샬롯 잠재 바이러스와 부추 옐로 줄기 바이러스와의 중복 감염된 것이 많고 중복감염에 의해 생육이 억제된다.
(2) 담배 모자이크 바이러스 tobacco mosaic *tobamovirus* (TMV) : TMV 단독감염에 의한 증상은 밝혀지지 않았지만 샬롯 잠재 바이러스와의 중복감염에 의해 잎에 모자이크 증상을 나타낸다. 피해는 분명하지 않다.

병원 바이러스 SLV는 굴곡이 적은 650~700nm의 끈 모양 알갱이이다. 감염조직의 세포질 내에 흩어져 나거나 또는 작게 뭉친 덩어리로 보인다. 비활성화 온도 55~60℃(10분), 희석한도 10-4~10-5, 보존한도 2~4일이다. 발생은 추운 곳에서 생산되는 품종에서는 비교적 적고 따뜻한 곳에서 생산되는 품종에서는 매우 높은 비율로 감염된다. 기주범위는 백합과, 명아주과, 비름과, 콩과 식물이다. 자연감염 식물에는 마늘, 파, 양파, 염교, 쪽파, 골파, 부추, 달래, *Allium ampelosprasum* 등으로 알려져 있다. 마늘, 파, 쪽파, 염교, 부추의 각 분리 그루는 기생성이라는 점에서 유사하지만 마늘 분리 그루와 비교해서 부추 및 *Allium ampelosprasum* 에서의 분리 그루에서는 일부의 식물에서 다른 기생성을 나타낸다. TMV는 300nm의 막대모양 알갱이이다. TMV-십자화과계가 분리되어 있지만 이것과는 다른 계통도 분리되어 있다.

전염 SLV의 진딧물 전반은 마늘을 비롯한 파속 식물이 전염원이 되고 진딧물에 의해서 비 영속적으로 전반되는 것으로 생각된다. 또, 종구(種球) 전염에 의해 높은 비율로 발생이 확산된다. 토양전염과 접촉전염은 하지 않는다. TMV는 토양전염, 접촉전염, 종구전염하기 때문에 마늘에서도 일단 발병하면 종구 등을 통해서 점차 전반한다고 생각되지만 그 정도는 불명이다.

15 마늘 모자이크병
(Mosaic)

병징 및 발생생태 마늘 모자이크 병징은 생육 초기부터 잎에 나타나서 수확 시까지 지속되나 일반적으로 5월 초순에서 5월 하순에 가장 뚜렷하다. 이 바이러스에 걸린 마늘잎은 길고 짧은 황색 또는 담황색의 여러 줄무늬 모양을 이루고 심한 것은 잎이 퇴색하여 엷은 녹색으로 변한다. 한지형 마늘보다 난지형 마늘에서 감염이 심하고 기형을 나타내는 것이 많다. 잎맥에 따라 고르지 않는 모양으로 녹색의 짙고 연한 모자이크가 생긴다. 모자이크 증상과 중복되어 그루전체 혹은 신초부(新梢部)의 위축이나 뒤틀림을 동반한 황화가 보인다. 부추 옐로 스트라이프 바이러스 단독의 감염그루는 수량에 미치는 영향은 비교적 가볍지만 부추 옐로 스트라이프 바이러스와 샬롯 잠재바이러스의 중복감염 그루에서는 수량이 심하게 떨어진다.

병원 바이러스 GMV는 사상이며 내열성은 65~70℃ 이며 생육도중에 부추 옐로 스트라이프 바이러스 leek yellow stripe *potyvirus* (LYSV) 알갱이는 약 750×13nm의 끈 모양이며 기주범위는 좁고 전신 감염하는 것은 마늘, 파, 양파, 염교뿐이고 마늘 이외의 식물에는 병징이 없이 감염한다. 종구자체의 즙액에 의해서도 감염 된다. 마늘 잎 즙액 중에서의 비활성화 온도는 55~60℃, 희석한도 10-3정도, 보존한도 6~8시간이다

전염 전염되기 보다는 거의 대부분이 병걸린 종구와 주아를 통하여 전염되며 즙액전염은 가능하지만 재배 형태로 보아 접촉전염 가능성은 거의 없는 것으로 생각된다. 파 진딧물 등에 의해 비영속적으로 전반된다. 또, 마늘은 영양번식 작물로 일단 발병하면 종구를 통해 차세대에서 피해가 증가한다.

방제 우리나라에 재배되고 있는 마늘의 대부분이 바이러스에 감염되어 수량이 크게 떨어지고 있다. 마늘은 영양번식에 의존하기 때문에 한번 바이러스에 감염되면 방제가 어렵다. 따라서 생장점 배양을 통한 무병종구를 증식 보급시켜야 할 것이다. 무병 종구를 선별 재배한다. 초봄 싹이 틀 때 병징이 잘 나타나므로 즉시 제거한다. 살충제를 살포하여 진딧물 등 곤충을 방제한다.

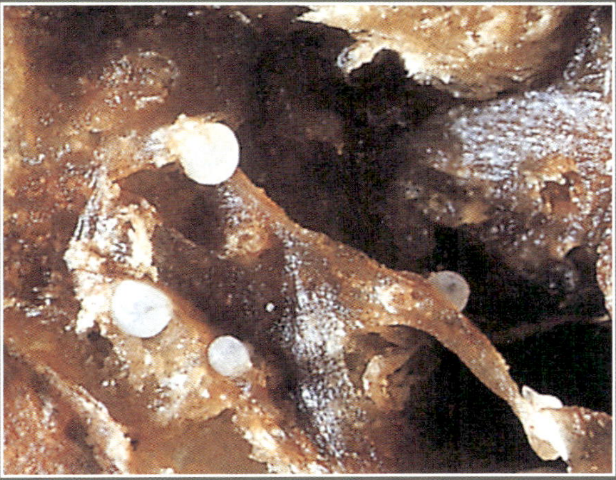

마늘 해충

인간의 생활에 직접 또는 간접으로
해를 주는 곤충

농사를 지을 때 해충으로 인해 피해를 보기도 한다.
해충이 농작물을 갉아먹고 흡즙하여 피해가
생기는 것을 충해라고 한다.

01 감자썩이선충
(*Ditylenchus destructor* Thone)

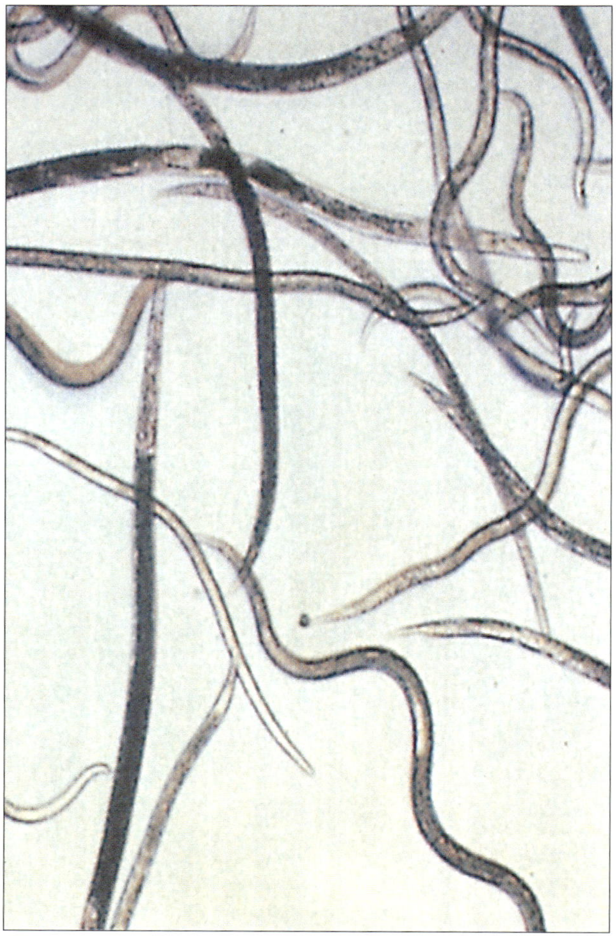

▲ 감자썩이선충

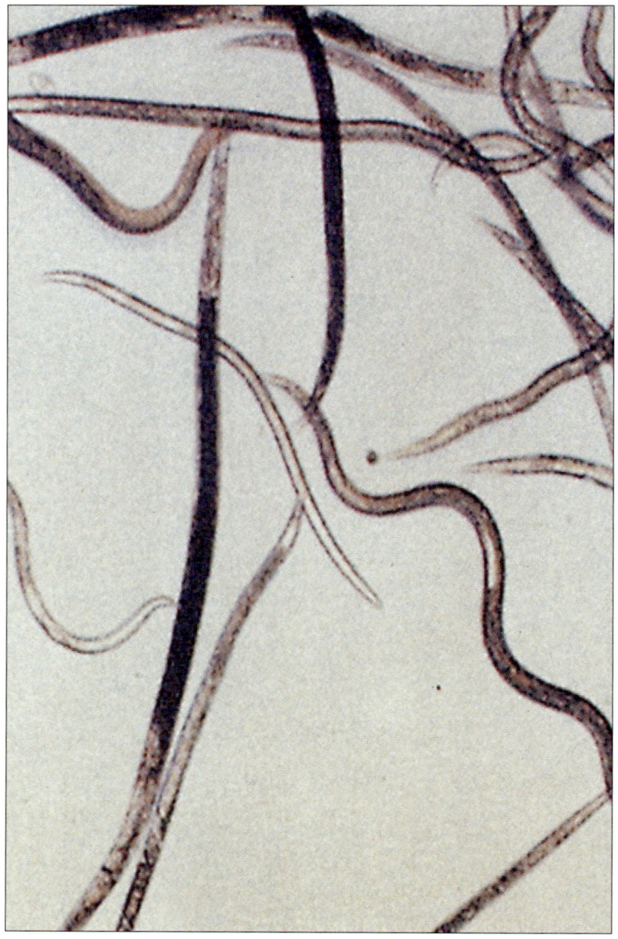

▲ 감자썩이선충

형태 씨알선충과에 속하며 이동성인 내부기생성 선충이다. 성충과 유충 모두 몸은 거의 투명하고 가늘고 긴 실 모양이다. 성충은 길이가 0.8~1.4mm이다, 마늘줄기선충과 유사하다. 옆 띠에 있는 옆선은 6개이다. 머리의 앞 가장자리는 편평하며, 입술부위는 뚜렷한 체환이 없다. 구침은 10~14㎛로 절구는 둥글고 작다. 식도샘 뒷부분은 등쪽으로 뻗어 장과 중첩된다. 암컷성충의 생식샘은 잘 발달되고, 수정낭은 둥글다. 음문은 몸의 앞쪽에서 4/5에 위치한다. 꼬리부분은 긴 삼각형으로 끝은 뾰족하지 않고 다소 둥그스름하다. 수컷성충은 꼬리 끝 가까이에 교접가시가 있고, 꼬리날개가 다소 발달한다.

피해와 생태 각 영기의 유충 및 암컷성충이 구경에 기생하여 피해를 준다. 선충이 발생한 포장에 정식한 경우 2주 후에는 토양 중에서 구경에 침입하여 증식을 시작한다. 선충의 기생을 받는 월동 직전부터 직후에 걸쳐 생육 초기에 잎의 비틀림 등 기형이 보이며, 점차 고사한다. 수확기에는 1개의 구경당 선충수가 2~3만 마리에 달한다. 또한 구경 내부의 어린 싹이나 경반부, 발근부가 부패하면 발아하지 않는 것이 많게 된다. 본 종이 발생한 포장에서 생산된 구경은 외견상 건전한 것도 기생을 받은 경우가 많다.

방제 연작을 피하고 땅에 식물체의 잔재가 없도록 한다. 종구를 25℃의 물에 2시간 담갔다가 49℃의 온탕에 20분간 담가 소독하면 효과적이다.

02 줄기구근선충
(*Ditylenchus dipsaci* Kuhrr)

▲ 피해받은 포장

형태 참선충목 참선충과에 속하는 선충으로 암수 모두 실모양으로 생겼으며 암컷의 길이가 1.0~1.5mm 정도로 비교적 큰 선충이다. 애벌레는0.3~0.5mm이다.

피해와 생태 기주범위가 넓어 450여종의 식물에 기생하며 특히 마늘, 양파, 수선, 튜립, 히야신스 등 구근류에 피해가 심하다. 선충이 인경부에 침입하면 지상부 생육과 인경의 발육이 나빠진다. 인경의 저장 중에 피해를 주기도 한다. 습기가 많은 사질토에서 잘 번식하고 비가 올 때 활동이 많으므로 피해가 심하다. 4령 유충으로 껍질사이에서 월동하거나 후면한다. 암컷 성충은 1개월 동안 200~500개의 알을 낳는다. 1세대 경과기간은 15℃에서 20~25일이며 서늘하고 다습한 조건에서 식물체에 침입이 잘되며 선충의 증식이 왕성하다.

방제 백합과 채소의 연작을 피하고 식물체의 잔재가 없도록 한다. 종구를 25℃의 물에 2시간 담갔다가 49℃의 온탕에 20분 침지처리 하는 것이 효과적이다.

03 뿌리혹선충류

(*Meloidogyne* spp.)

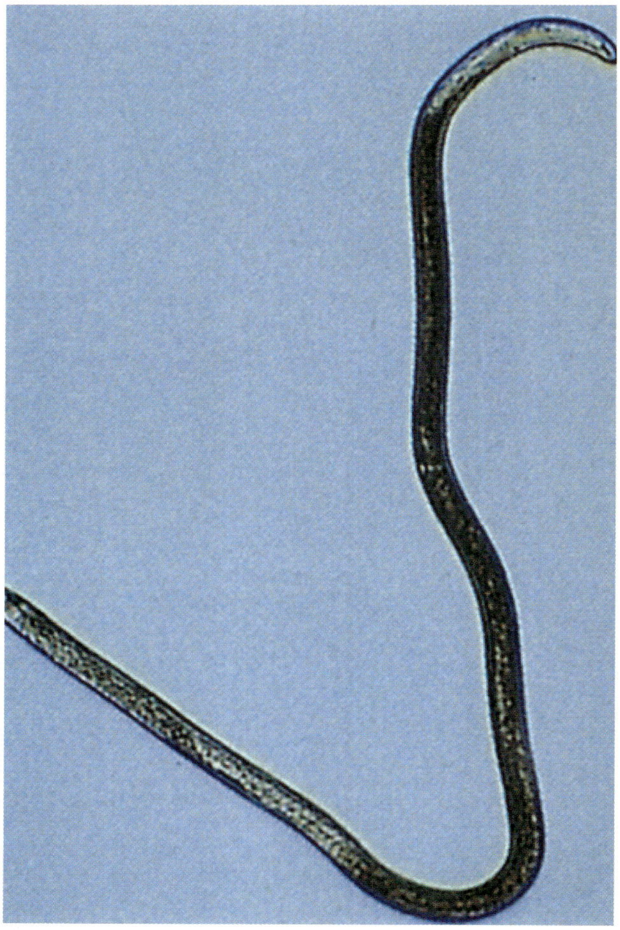

▲ 뿌리혹선충류 수컷성충

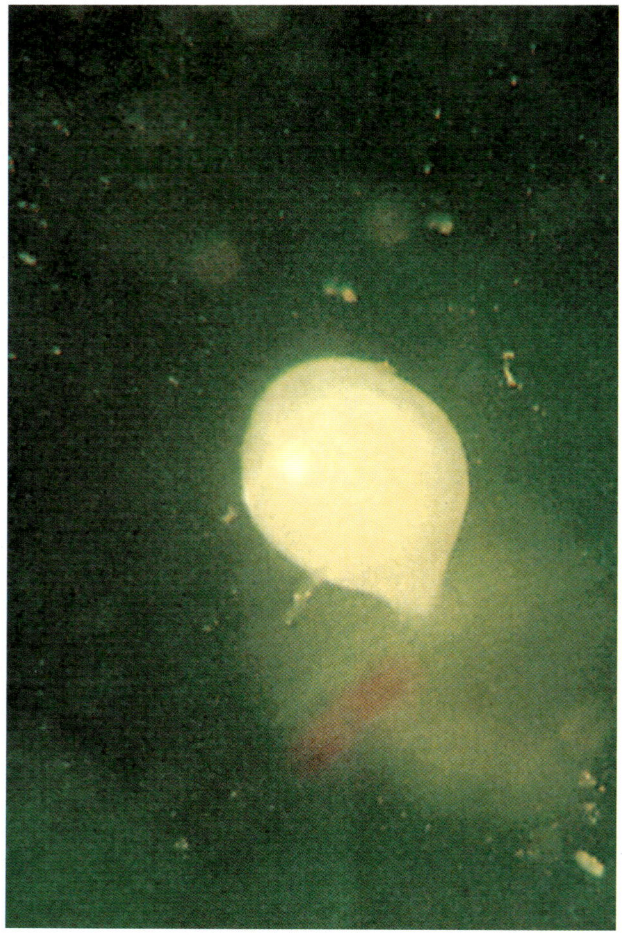

▲ 뿌리혹선충류 암컷성충

형태 뿌리혹선충과. 정착성인 내부기생성 선충이다. 암컷성충은 몸길이가 0.5~1mm의 서양배 모양이다. 뿌리 내부에 정착하여 기생생활을 하며 뿌리에 혹을 형성한다.

피해와 생태 고구마, 토마토, 수박, 오이, 참외 등 식물 300여 종의 뿌리에 혹을 만들고 그 속에서 생활하므로 양분과 수분의 정상적인 흡수가 저해되어 식물 생장이 부진하고, 시들거나 일찍 말라죽는다. 마뿌리혹선충과 당근뿌리혹선충은 모두 파, 양파에 기생하여 잘 증식한다.

방제 파종 3~4주 전에 토양에 훈증제를 처리하고 비닐로 덮거나 물을 뿌린 뒤 5~7일간 밀봉시켜 선충을 죽인 다음, 땅을 갈아엎어 토양 내 가스를 제거한다. 여름철에 작물이 없는 비닐하우스에서는 밀폐된 비닐터널을 만들고 하우스문을 닫아 태양열을 이용하여 내부 온도를 4주 정도 높여 주면 토양온도가 40℃ 이상 상승하여 뿌리혹선충과 토양병균을 동시에 죽일 수 있다. 노지에서는 상토용 비닐에 10~15cm 두께로 흙을 넣고 10~15일간 햇볕에 방치 하여 소독해도 효과적이다. 벼를 재배할 수 있는 밭에는 1~2년간 벼를 재배하거나, 여름철에는 논농사를, 가을 이후에는 채소를 재배하면 뿌리혹선충의 피해를 회피할 수 있고, 밭에 객토를 하여 선충 발생을 떨어뜨리기도 한다. 지중가온시설이 설치된 농가에서는 담수처리할 경우 지온 40℃로 5일간 가온하면 뿌리혹선충을 방제할 수 있었으며, 무담수처리의 경우 지온 50℃로 5일간 가온하면 방제가 가능하다.

▲ 뿌리혹선충류 암컷성충

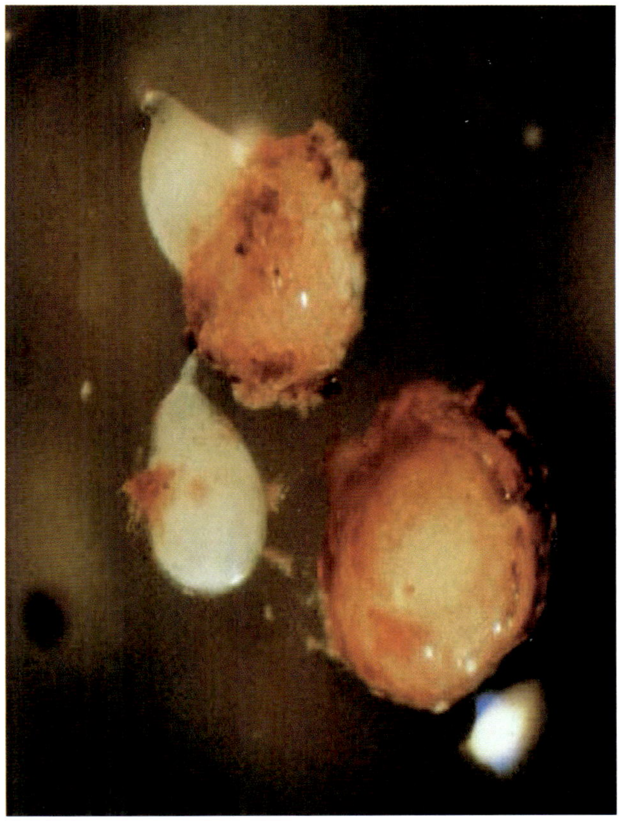

▲ 뿌리혹선충류의 암컷성충과 알주머니(난낭)

▲ 뿌리혹선충류 제2기 유충

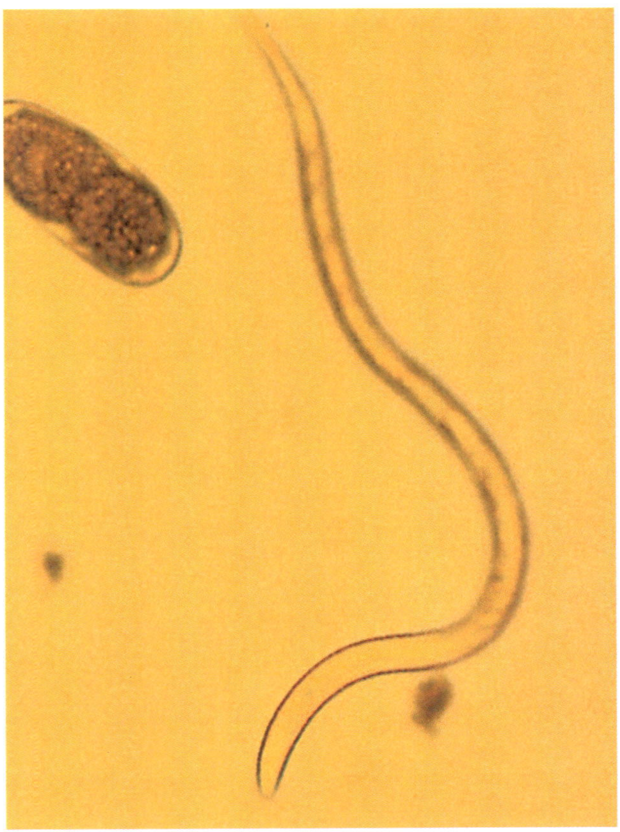

▲ 뿌리혹선충류 일종(알과 2기 유충)

뿌리혹선충류

▲ 뿌리혹선충류의 피해흔적(뿌리)

▲ 뿌리혹선충류 어린뿌리의 피해

▲ 뿌리혹선충의 뿌리피해(토마토)

▲ 고구마뿌리혹선충류의 피해(감자)

▲ 뿌리혹선충류의 피해(마)

▲ 뿌리혹선충류의 피해(당근)

▲ 호박뿌리에 생긴 혹

▲ 가는뿌리에 만든 혹(gall)

04 민달팽이

(*Incilaria confusa* Cockarell)

▲ 민달팽이 성충

형태 성충은 약 60mm이며 보통 담갈색을 띠나 변이가 많다. 등면에 3개의 흑갈색 세로줄이 있으며 양측에 2개의 세로줄이 뚜렷하다. 알은 투명한 계란형으로 여러 개가 목 걸이처럼 연결되어 있는 경우가 많다.

피해 광식성으로 흐린 날 또는 밤, 새벽에 작물의 지상부를 폭식한다. 몸 표면에 끈끈한 액을 분비하며 이동하므로 피해부위는 분비액과 함께 지지분한 부정형의 구멍이 많이 뚫린다. 피해가 심한 잎은 엽맥만 남아 거친 그물모양이 된다. 온실에서는 연중 피해가 심하다.

생태 연 1회 발생하며, 흙덩이 사이나 낙엽 밑의 습기 많은 곳에서 성체로 월동하다가 이듬해 3월경에 활동을 시작하여 6월까지 작은 가지나 잡초에 30~40개의 난괴로 산란한다. 부화한 어린 것은 가을에 성체가 되며, 낮에는 주로 하우스 내의 어두운 곳, 화분 밑이나 멀칭한 비닐 밑에서 숨어 있다가 밤에 나와 가해한다.

방제 발생이 많은 곳에서는 은신처가 되는 작물, 잡초 등을 제거하고 토양 표면을 건조하게 유지하는 것이 좋다. 민간요법으로 맥주를 컵에 담아 땅 표면과 일치되게 묻으면 달팽이들이 유인되어 빠져 죽는다. 오이를 썰어 시설 내 지표면에 깔아 두었다가 유인된 달팽이를 모아서 죽일 수도 있다.

▲ 민달팽이 성충

▲ 민달팽이 성충

▲ 민달팽이 성충

▲ 민달팽이 성충

▲ 민달팽이의 피해(덴드로비움)

▲ 민달팽이의 피해(심비디움)

05 명주달팽이

(*Acusta despecta* Grey)

▲ 달팽이 성패

형태 어린 개체의 껍질은 3~4층이며, 껍질 직경은 0.7~0.8mm이다. 성체는 5층에 껍질 직경은 20mm 정도이며, 얇아서 누르면 쉽게 부서진다. 껍질 색깔은 담황색 바탕에 흑갈색 무늬를 띠는 개체가 많으나 지역, 시기에 따라 변이가 크다. 알은 2mm 정도의 구형이며 유백색을 띤다.

피해 봄과 가을에 피해가 크고, 발아 후의 유묘기에 대발생 하면 피해가 크기 때문에 주의해야 한다. 식물이 성장하면 어린잎과 꽃을 식해하며, 피해증상은 나비목 해충의 유충 피해와 비슷하나 달팽이가 지나간 자리에 점액이 말라 붙어 있어 햇빛에 하얗게 반사되는 점으로 구별할 수 있다. 낮에는 지제부나 땅 속에 잠복하다가 주로 야간에 식물체의 잎과 꽃을 가해하나, 흐린 날에는 주야를 가리지 않는다.

생태 연 1회 발생하는 것이 일반적이지만 간혹 2회 발생하기도 한다. 겨울에는 성체 또는 유체로 몸체를 껍질 안에 집어넣고 땅 속에 반 매몰된 상태로 월동한다. 3~4월경부터 활동하기 시작하며, 성체는 자웅동체로서 4월경부터 교미에 의해 정자낭을 교환한다. 교미 약 7일 후부터 2~3cm 깊이의 습한 토양에 3~5개씩 산란하며, 1마리당 100개 내외의 알을 낳는다. 알은 15~20일만에 부화하며, 부화한 어린 달팽이는 가을까지 식해한다.

방제 토양 중에 석회가 결핍되면 달팽이 발생이 많으므로 석회를 사용한다. 온실 내의 채광과 통풍을 조절하여 습기를 줄여 발생을 억제하며, 발생이 많을 때에는 유인제를 이용하여 유살한다.

▲ 달팽이 성패

▲ 달팽이에 의한 피해 잎

06 마늘혹응애

(*Aceria tulipae* Keifer)

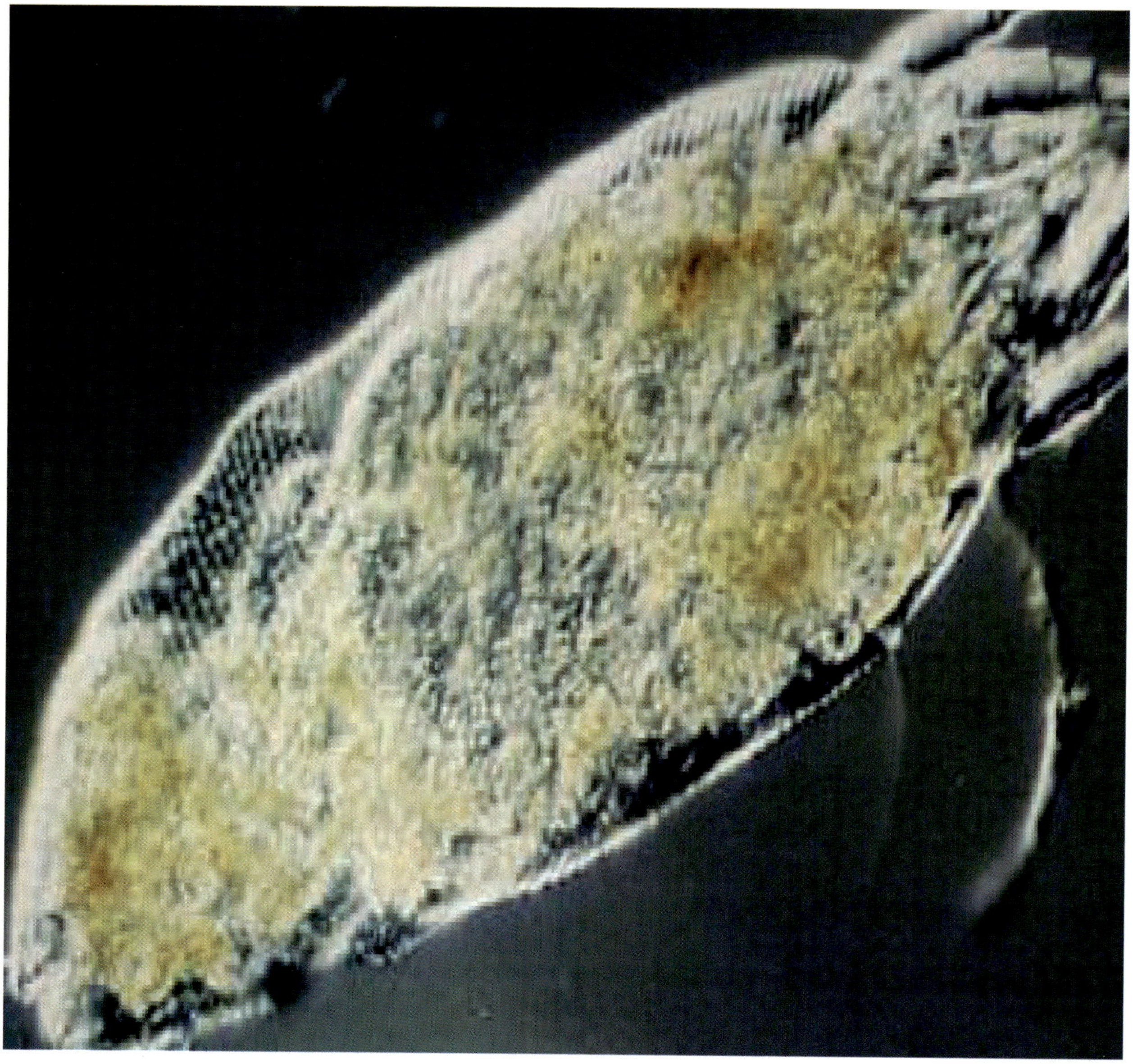

▲ 마늘혹응애 성충

형태 혹응애과. 작은 응애로 암컷성충은 몸길이가 0.25mm 내외이고, 옅은 황색을 띤다. 다리는 2쌍으로 몸 전반부에 있다. 실체현미경 하에서 수컷이 암컷보다 다소 작은 것 외에는 형태적으로 거의 구별할 수 없다.

피해와 생태 양파와 마늘에서는 잎과 인경에 기생한다. 마늘의 구경(인경)이 가해받으면 표면이 옅은 황색~황갈색으로 변색되고, 광택이 없어진다. 기생된 인경을 심으면, 그로부터 나온 잎이 모자이크증상을 띠며, 잎이 비틀린다. 심한 경우에는 부패하고 고사한다. 본 종은 직접적인 피해 외에 마늘에서 응애전염 모자이크바이러스(GMbMV)를 매개하는 것으로 밝혀졌다. 이것 외에 양파에 OMbLV, 셜롯에 SMbLV 등의 바이러스를 매개하는 것이 알려져 있다. 정식(9~10월) 후에는 많이 기생하는 인경에도 개체수는 급감한다.

방제 공동 훈증시설을 마련하여 방제하는 것이 바람직하다.

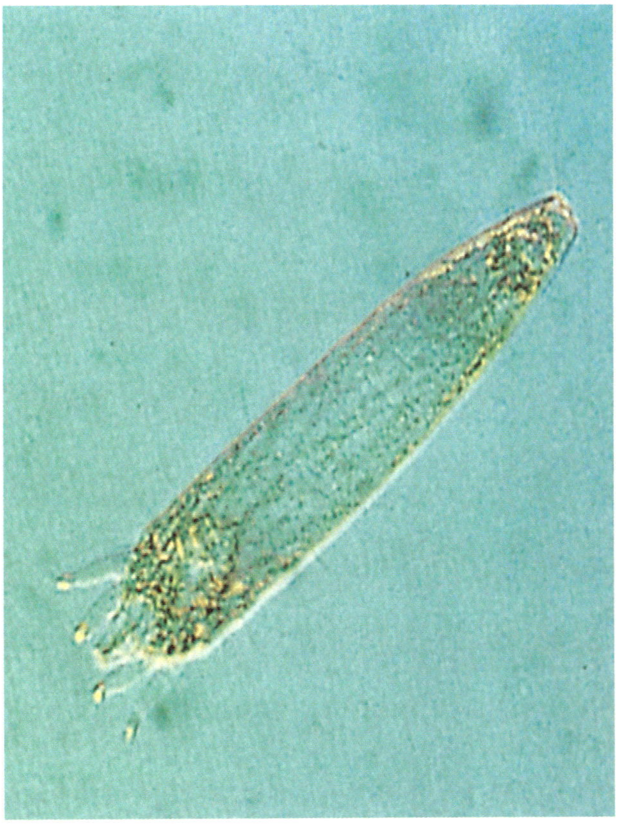

▲ 마늘혹응애 성충

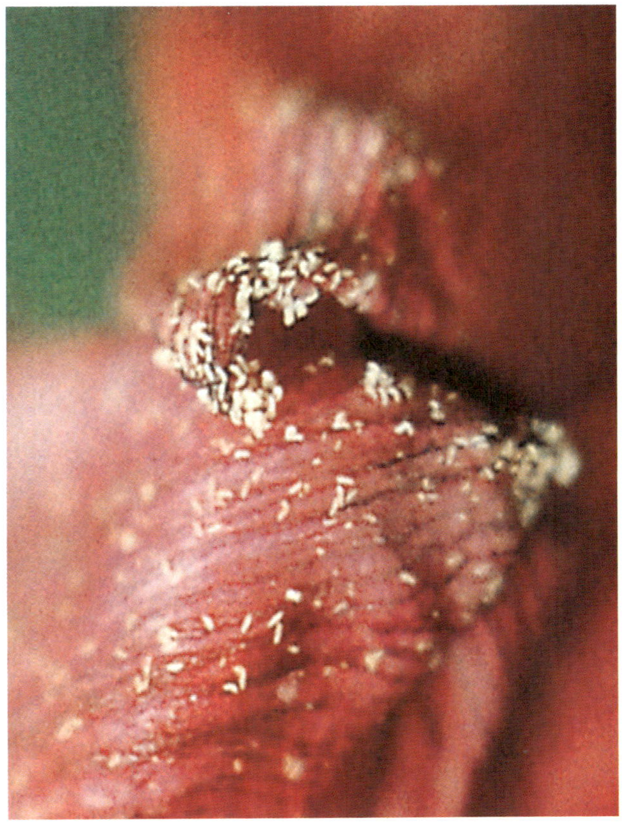

▲ 마늘혹응애의 기생상황

▲ 잎의 피해

▲ 마늘 인편 피해

07 뿌리응애

(*Rhizoglyphus robini* Claparede)

▲ 뿌리응애 성충, 유충과 알

형태 응애목 가루응애과에 속하며, 유백색의 반 투명한 좁쌀이나 서양배 모양의 작은 응애로 입들과 다리는 갈색이다. 성충이 0.6~0.7mm로 작아 발생밀도가 적을 때는 육안 식별이 어렵다.

피해와 생태 기주범위가 넓어 마늘, 파, 양파, 등 인경채소류와 구근화훼류의 뿌리를 가해하여 큰 피해를 준다. 피해는 땅속 기부에 무리지어 살며 가해하므로 뿌리가 떨어지고 구내부까지 부패하므로 피해주는 쉽게 뽑히게 된다. 연수 십회 발생하며 피해 조직 내 혹은 땅속에서 성충 또는 약충으로 월동한다. 유기질이 풍부한 산성의 모레땅에 발생하기 쉽고 봄기운 상승과 함께 급격히 밀도가 증식되어 6~7월에 최고의 밀도를 이룬다.

방제 상습 발생지는 파류의 연작을 피하고 건전한 구를 정식하며 석회 사용으로 산도를 조정해 준다. 건전 종구 선택, 종구 소독, 토양 소독 등이 있다. 건전한 종구를 심거나 재배 토양에 미숙퇴구비를 사용하지 않는다면 생육 중 피해는 크지 않다. 저장중의 피해를 방지하기 위해서는 수확 직후 햇볕에 잘 건조시켜 응애를 죽임으로써 구근에 잔류되는 응애 밀도를 줄이고 상처입지 않은 건전한 종구을 골라 통풍이 잘 되는 곳에 보관한다. 다발생 지역에서는 마늘, 파, 양파 등의 연작을 회피하고 산성 토양은 석회를 시용하여 토양 산도를 교정하며 응애 증식을 조장하는 미숙퇴구비를 시용하지 말아야 한다.

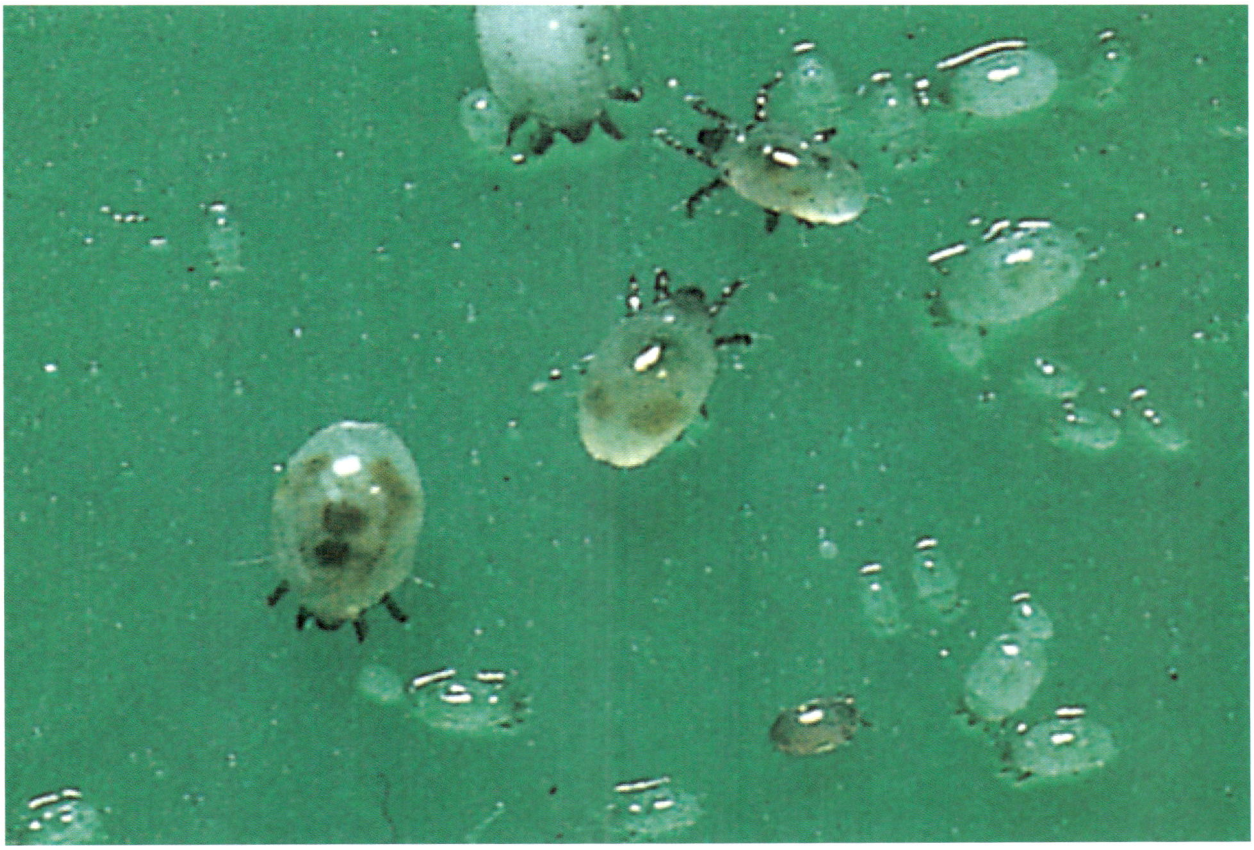

▲ 뿌리응애 성충과 약충

▲ 뿌리응애의 기생상황

▲ 뿌리응애 집단

뿌리응애

▲ 뿌리응애에 의한 염교 포장의 피해(결주)

▲ 뿌리응애에 의한 뿌리의 피해

▲ 뿌리응애에 의한 피해(염교)

08 파잎벌레

(*Galeruca extensa Motschulsky*, stone leek leaf beetle)

▲ 번데기

▲ 파잎벌레 성충

▲ 가해중인 유충

형태 성충은 11~12mm 정도이며, 전체적으로 둥글고 번데기 는 약간 큰 갈색~검은색의 잎벌레이다. 등딱지에 4쌍의 융기선이 있고 머리와 앞가슴 등판에 많은 점각이 나 있다. 몸은 중앙부 뒤쪽이 가장 넓고 이후 급격히 좁아진다. 유충의 몸은 검은색이며, 머리는 광택이 나고 은색의 가는 털이 나 있다. 몸은 중앙부가 가장 넓고 머리와 배끝은 가늘다. 각 마디에 있는 2개의 검은색 돌기에 5~8개의 옅은 갈색 털이 나 있다.

피해 유충이 파나 양파의 잎을 중간에서 자르고 식해하며, 성충도 잎을 식해한다. 유충과 성충의 동작이 굼뜨며, 유충을 건드리면 황색의 냄새나는 액체를 분비한다.

생태 연 1회 발생하며, 하부엽이나 뿌리 근처 땅 속에서 알로 월동하다가 4월 중하순에 부화한다. 깨어난 유충은 섭식하기 시작하여 5월 중하순에 노숙유충이 되고 기주 식물의 뿌리 근처 등 적당한 장소에 고치를 짓고 번데기가 된다. 약 1주일 후 성충으로 우화하여 부근에서 가해하다가 9월경에 교미, 산란한다. 알에는 검은색 분비물이 발라져 있으며, 3회 정도에 걸쳐 200개 정도 산란한다.

09 파총채벌레
(*Thrips tabaci* Lindeman)

▲ 파총채벌레 암컷성충

형태 성충은 1.3mm 정도로 아주 작은 편이고, 몸은 황갈색에서 어두운 갈색을 띠며, 겹눈은 붉은색이다. 2쌍의 날개는 가는 막대기 모양으로 가장자리를 따라 긴 털이 규칙적으로 나 있어 마치 총채같은 모양이다. 날개를 사용하지 않을 때에는 나란히 접고 있다. 알은 0.3mm 정도의 짧은 바나나 모양으로 작물의 조직 속에 들어 있다

피해 파, 양파, 등 채소류, 화훼류에 널리 발생하는 총채벌레로서, 약충과 성충이 즙액을 빨아먹은 부분이 군데군데 황백색으로 변하며 생육이 불량해진다. 발생이 심하면 식물 전체의 색깔이 변하며 말라죽는다. 여름철 건조할 때 발생이 많아 피해가 증가한다. 성충과 유충이 주로 잎을 식해하여 스침 모양의 흰 반점을 만든다. 본 종의 발생최성기의 하나인 5월 중하순에 지상부의 생육이 끝나가고 있으므로 직접적인 피해는 적다. 발생시기와 양파의 생육초기가 일치하기 때문에 밀도가 높게 되고, 순이 전개하지 않으며, 포기 전체가 시들어 고사한다. 생육중기 이후에도 잎 전체가 하얗게 변하고, 구의 비대불량을 가져오므로 피해가 크다.

생태 양파, 파, 부추, 마늘의 백합과 이외에 십자화과, 박과, 국화과, 가지과, 장미과 등 매우 광범한 식물에 기생하여 가해한다. 작물체 가까운 곳의 지표 아래나 잡초 사이에서 성충으로 월동하며, 봄부터 가을까지 불규칙하게 계속 발생한다. 특히 여름에 번식력이 왕성하여 밀도 증가가 매우 빠르며, 연 10회 이상 발생한다. 암컷은 식물 표피조직 내에 20~170개의 알을 낳고, 산란된 알은 5~7일 후 부화한다. 유충은 6~7일 정도 땅 위에서 식물의 겉껍질을 갉아 먹으며 가해하다가 발육이 끝나면 뿌리 근처의 땅 속으로 들어가 번데기가 된다. 용화 후 1주일 정도 경과한 뒤 성충으로 우화한다.

방제 등록약제를 작물체에 충분히 뿌려준다.

▲ 파총채벌레 암컷성충(연한색 형)

▲ 파총채벌레 암컷성충(어두운색 형)

▲ 파총채벌레 암컷성충(옅은색 형)

▲ 파총채벌레 제1번데기

▲ 파총채벌레 2령유충

▲ 파총채벌레에 의한 피해(파)

▲ 파총채벌레에 의한 피해(꽃봉오리)

10 꼭지매미충
(*Macrosteles striifrons* Anufriev)

▲ 꼭지매미충 암컷성충

▲ 꼭지매미충 암컷성충

▲ 꼭지매미충 암컷성충

형태 매미충과. 성충의 몸길이는 날개 끝까지 3~5mm이고, 몸색은 옅은 회황색이다. 머리는 선황색으로 정수리의 뒷가장자리 부근과 소순판의 기부에 각각 2개의 검은색 원무늬가 있다.

피해와 생태 성충과 유충 모두 흡즙하지만, 채소의 직접적인 가해는 거의 없으며, 파이토플라스마 병의 매개자로 중요하다. 본 종이 매개하는 백합과 채소의 병해로는 양파 위황병이 있다.

11 알락수염노린재
(*Dolycoris baccarum* Linnaeus)

▲ 알락수염노린재 암컷성충과 알

▲ 알락수염노린재 5령유충

▲ 알락수염노린재 알 및 부화유충

형태 노린재과. 성충은 몸길이가 11~13mm이고, 몸은 적갈색내지 황갈색이다. 약간 세로로 긴 6각형이며, 검은색의 점각과 흰색의 가는 털로 덮여있다. 더듬이는 흑과 백의 얼룩이 있으며, 그것을 흔드는 성질이 있다. 알은 원통형으로 길이가 약 1.2mm이며, 알무더기는 다각형이다. 어린 유충에서 중령 유충은 머리와 가슴이 검은색이고, 복부는 주로 옅은 황갈색이다. 5령유충은 몸길이가 9mm 내외이다. 머리와 가슴이 회색이고, 복부는 주로 갈색을 띤다. 긴 털이 촘촘하게 나 있다.

피해와 생태 파, 양파 등의 백합과, 국화과, 산형과, 십자화과, 꿀풀과, 벼과, 그 외 다수의 작물에 기생하며, 발육 중인 종실로부터 양분을 흡수한다. 연 2세대로, 월동성충은 3~4월부터 활동을 시작하며, 1세대 성충은 7~8월 경, 2세대 성충은 9~10월경 우화한다. 성충은 11월에 마른 풀이나 낙엽 사이로 이동하여 성충으로 월동한다.

▲ 알락수염노린재 성충

12 파좀나방

(*Acrolepiopsis sapporensis* Matsumura)

▲ 파좀나방 성충

형태 파좀나방과. 성충은 날개를 편 길이가 9mm 내외이며, 전체적으로 회흑색이다. 정지 시에 몸을 감싸듯이 날개를 겹치며, 앞 날개의 뒷 가장자리 중앙에 있는 흰색 반점이 등면 중앙에 드러난다. 알의 길이는 0.7mm로 짧은 타원형이고, 유백색이다. 노숙유충은 몸길이가 7~9mm이고, 옅은 녹색으로 갈색의 줄무늬가 있으며, 가는 털이 드문드문 나 있다. 번데기는 몸길이가 6mm 내외이고, 레이스 모양의 고치 속에 있으며, 옅은 흑갈색이다. 각 태 모두 배추좀나방과 유사하지만, 작다.

피해와 생태 유충은 파, 양파, 부추, 마늘, 달래 등 파속 식물의 잎을 식해 한다. 부화유충은 엽육 속으로 잠입하여 식해하고, 생육이 진행되면 잎의 안쪽에서 식해 한다. 잎에는 처음에 작은 흰 점이나 약간 구불구불한 선모양의 흰색 반점이 나타나며, 곧바로 불규칙한 흰색 반점 혹은 투명한 반점이 된다. 발생이 많으면 잎 전체가 하얗게 변하여 고사한다. 유충은 충분히 성장하면 잎의 표면으로 나오며, 거친 고치를 짓고 번데기가 된다. 성충으로 월동하며 년 8세대 이상 발생한다.

방제 봄부터 가을까지 발생하나 여름에 발생량이 가장 많다. 연간 발생횟수가 많아 부화유충이 식물체 잎속으로 들어가기 전인 발생초기에 방제한 것이 효과적이다.

▲ 파좀나방 유충

▲ 파좀나방 번데기

▲ 파좀나방 피해

▲ 과좀나방 피해

13 도둑나방

(*Mamestra brassicae* Linnaeus)

▲ 도둑나방 성충

형태 밤나방과. 성충의 날개편길이는 40~47 mm이고 전체가 회갈색~흑갈색이며, 앞날개에 흑백의 복잡한 무늬가 있다. 유충은 녹색 또는 흑록색으로 색채변이가 심하다. 노숙유충은 40mm로서 머리는 담록~황갈색, 몸은 회흑색에 암갈색 반점이 많아 지저분하게 보이며, 기주식물 및 온도에 따라 녹색을 띠는 경우도 있다. 봄, 여름에는 암갈색, 가을에는 회흑색을 띠는 개체가 많다. 번데기는 18~25mm로 적갈색이다.

피해와 생태 광식성으로 각종 채소 외에 벼과를 제외한 대부분 작물의 잎을 식해한다. 특히 봄, 가을에 피해가 심하고, 결구채소의 속으로 파고 들어가며 식해하기도 한다. 연 2회 발생하며 번데기로 겨울을 난다. 1회 성충은 4~6월에 주로 발생하며 여름 고온기에는 번데기로 하면하고 2회 성충은 해질 무렵부터 활동하기 시작하여 오전 7시경 산란하고 낮에는 마른 잎 사이에 숨어 지낸다. 3령 유충까지는 무리지어 가해하다가 4령 이후 분산, 독자적으로 생활한다. 노숙하면 땅 속에서 번데기가 된다. 어린 유충은 잎 뒷면에서 잎살만 갉아먹지만 자라면서 잎 전체를 폭식하므로 피해받은 작물은 엽맥만 남는 경우도 있다. 유충기간은 약 40~45일 정도이다

방제 유충이 자라면서 생리적으로는 살충제에 견디는 능력이 강해지고, 생태적으로는 배추, 양배추 포기 속으로 파고 들어가므로 약제에 노출될 기회가 감소하여 방제하기 어려워진다. 이를 막기 위해서는 적절한 약제를 발생 초기에 처리하면 효과가 있다.

▲ 도둑나방 성충

▲ 도둑나방 종령유충

▲ 도둑나방 유충

▲ 도둑나방 유충의 채색변이

▲ 도둑나방 약령유충

▲ 도둑나방 부화유충 무리

▲ 도둑나방 알 무더기

14 파밤나방

(*Spodoptera exigua* Hubner)

▲ 위: 암컷 / 아래: 수컷

▲ 파밤나방 암컷성충

형태 성충은 15~20mm, 날개편길이 25~30mm 정도 이다. 앞날개는 폭이 좁은 황갈색이며, 중앙에 연한 점이 있고 옆에 콩팥무늬가 있다. 뒷날개는 희고 반투명하다. 노숙유충은 35mm 정도이며 녹색인 경우가 많다. 번데기 는 15~20mm의 방추형으로 밝은 적갈색이다

피해와 생태 광식성 해충으로, 노지에서 연 4~5회 발생한다. 국내 대부분의 지역에서 7월 이후 대량 발생하며 기온이 떨어지면 그 피해도 줄어든다. 파의 경우 잎 표면에 성충이 20~50 개씩의 알을 무더기로 산란하며, 알에서 깨어난 어린 유충은 표피에서 엽육을 갉아먹지만 2~3령으로 자라면서 파 속으로 들어가 안쪽에서 표피쪽만 남기면서 가해하다가 4~5령이 되면 잎 전체에 큰 구멍을 뚫으면서 가해한다

방제 같은 속의 담배거세미나방과 함께 약제 저항성이 강한 해충으로 세계적으로 유명하며, 국내에서도 이들 해충의 방제에 어려움을 겪고 있다. 비교적 어린 1~2령 유충 기간에는 약제에 대한 감수성이 있는 편이지만, 3령 이후의 노숙 유충이 되면서 약제에 대한 내성이 증가한다. 따라서 포장을 잘 관찰하여 발생 초기에 전용 약제를 5~7일 간격으로 2~3회 살포하는 것이 좋다.

▲ 파밤나방 종령유충

▲ 파밤나방 유충

▲ 파밤나방 유충에 의한 피해

▲ 파밤나방 유충에 의한 피해

▲ 파밤나방 유충에 의한 피해

15 담배거세미나방

(*Spodoptera litura* Fabricius)

▲ 담배거세미나방 성충

▲ 위: 암컷 / 아래: 수컷

형태 밤나방과. 성충은 앞날개 길이가 16~17mm로 앞날개는 흑갈색이고, 비스듬하게 교차하는 몇 줄의 옅은 갈색 줄무늬가 눈에 띈다. 노숙유충은 몸길이가 40mm 내외로 몸색은 회암록색이나 어두운 갈색 등 변화가 많다.

피해와 생태 채소, 과수, 화훼, 특용작물, 사료 작물, 정원수, 잡초, 가로수 등 약 40과 100종 이상의 식물을 가해하는 광식성 해충이다. 채소류에서는 특히 배추, 고추, 파, 양파 등에 피해가 많다. 고추에서는 담배나방과 같은 피해를 주며, 파에서는 같은 속의 파밤나방과 혼재되어 피해를 주는 경우가 많다. 부화유충은 집단으로 잎 뒷면에서 표피를 남기고 식해하며, 그 후 분산하여 1개소에 몇 마리가 식해한다. 중령 이후는 낮에 그늘이나 지제부 등에 숨어 있다가 주로 야간에 활동하여 엽맥이나 잎자루만을 남기고 폭식하는 야도충류이다. 성충은 우화 후 2~5일 동안 1,000~2,000개의 알을 100~300개씩의 난괴로 잎 뒷면에 산란한다. 난괴는 암컷의 복부 끝에서 떨어진 털모양의 인편으로 덮여 있다. 산란수는 고온과 저습에 반비례(30℃, 상대습도 90%에서 960개, 35℃, 상대습도 30%에서 145개)하며, 알은 상온에서 4일 후, 겨울에는 11~12일 후 부화한다.

방제 생물적 방제로는 고치벌, 맵시벌, 깡충좀벌 같은 기생천적을 이용하고, 미생물 천적으로 핵다각체바이러스(NPV), 세균(Bt), 곰팡이, 선충 등을 이용하여 방제한다.

▲ 담배거세미나방 유충

▲ 담배거세미나방 유충

▲ 담배거세미나방 유충

▲ 담배거세미나방 유충

담배거세미나방

▲ 담배거세미나방 유충

▲ 알무더기와 부화유충

▲ 담배거세미나방 어린유충

▲ 담배거세미나방 어린유충

▲ 담배거세미나방 종령유충

▲ 담배거세미나방 종령유충

▲ 담배거세미나방 종령유충

▲ 담배거세미나방 종령유충

담배거세미나방

▲ 담배거세미나방 중령유충

▲ 담배거세미나방 중령유충

▲ 담배거세미나방 중령유충

▲ 담배거세미나방 중령유충

▲ 담배거세미나방 어린유충

▲ 어린유충과 피해

▲ 유충 및 피해흔적

▲ 유충 및 피해흔적

담배거세미나방

▲ 유충의 식해흔적

▲ 유충에 의한 피해 (가지)

▲ 담배거세미나방의 피해(양배추)

16 파혹진딧물

(*Neotoxoptera formosana* Takahashi)

▲ 파혹진딧물 성충과 유충

▲ 파혹진딧물에 의한 피해

형태 무시태생 암컷의 몸길이는 1.8~2.0mm이며, 몸은 흑갈색으로 광택이 있다. 더듬이는 6마디로 몸길이보다 길다. 뿔관은 황갈색이며, 끝 절반부는 약간 팽대해 있다. 유시태생 암컷은 흑갈색으로 광택이 있으며, 몸길이가 약 2mm이다. 날개는 시맥을 따라 검고 흐릿한 부분이 있다. 복부 등면의 중앙부에는 큰 반점무늬가, 7~8번째 마디에는 띠모양의 무늬가 있고, 복부 옆면에도 5쌍의 반점무늬가 있다.

피해 파, 양파, 부추의 잎에 모여 흡즙하며, 대발생하면 생장을 저해한다. 때때로 마르는 경우도 있다. 또한 파 위축병을 매개한다.

생태 생활사는 밝혀지지 않은 점이 많지만, 6월경에 파, 양파에 대발생하는 경우가 있다. 가을철부터 겨울철에는 무시태생 암컷으로 생활한다. 달래 등의 야생풀에도 기생한다.

방제 증식력이 높은 해충으로 수시로 예찰하여 발생초기에 방제해야 하며 약제 저항성 발달을 억제하기 위하여 계통이 다른 약제를 번갈아 살포해야 한다. 진딧물의 생물적 방제인자인 천적 무당벌레, 풀잠자리, 진디벌, 혹파리 등을 보호해야 한다.

17 채소바구미

(*Listroderes costirostris* Schoenherr)

▲ 채소바구미 성충

▲ 채소바구미 노령유충

형태 바구미과. 성충은 몸길이가 9mm 내외이고, 전체적으로 칙칙한 회갈색이다. 종령 유충은 몸길이가 12mm 내외이고, 등면이 융기해 있으며, 배쪽면에 육질돌기가 있는 땅딸막한 체형으로 몸색은 유백색이거나 옅은 녹색이다.

피해와 생태 성충과 유충 모두 기주범위가 넓어 파, 양파, 그 외 각종 채소류의 경엽을 식해한다.

▲ 채소바구미 종령유충

▲ 채소바구미 유충

▲ 채소바구미 유충과 식해흔적

▲ 채소바구미에 의한 배추의 피해

18 파굴파리

(*Liriomyza chinensis* Kato)

▲ 파굴파리 성충

형태 굴파리과. 성충은 몸길이가 1.7~2mm이고, 가슴과 복부는 검은색이지만, 회백색 가루로 덮여있다. 다른 부분은 황색이다. 더듬이 3번째 마디의 끝이 등쪽으로 뾰족하다는 점이 본 속의 다른 종(전체가 원형)과 구별된다. 알은 흰색이며, 긴 타원형이다. 유충은 충분히 성장하면 4mm 내외이다. 몸의 앞뒤에 유두모양의 기문이 있다. 번데기는 몸길이가 3mm 내외로 황갈색이다.

피해 유충이 파잎 속에 굴을 파고 돌아다니면서 파좀나방처럼 불규칙한 흰 줄 모양의 굴을 만든다. 피해를 받은 부분은 백색으로 변하며 까보면 유충을 쉽게 볼 수 있다. 특히 여름에서 가을까지 피해가 심하며, 여러 마리가 발생하면 잎 전체가 하얗게 변색되고 어린 묘는 말라죽기도 한다. 묘에서는 유충이 엽초부에 기생하고 이 부분부터 마르기 때문에 치명적인 피해를 받는데 봄에 묘판에서 고사하는 개체를 많이 발견할 수 있다. 생육중인 양파는 고사하지는 않지만 잎의 기능이 저하하여 생육이 나빠진다.

생태 여름부터 가을까지 전국에서 발생하며, 성충은 4월부터 나타나는데 10월까지 연 4~5회 정도 발생한다. 발생 최성기는 7월 상순, 8월 상순, 9월 하순이다. 겨울에는 땅 속에서 번데기로 월동하며, 4~5월경 우화한 성충이 교미하고 잎 조직 내에 점 형태로 산란한다. 알은 백색으로 장타원형이며 알 기간은 20℃, 25℃, 30℃에서 각각 4.5일, 2.9일, 1.9일이다. 부화유충은 동작은 둔하지만 표피를 남겨 놓고 잎에 굴을 뚫어가면서 엽육을 가해하거나 잎의 내벽에 붙어서 엽육을 가해한다. 다 자란 유충은 잎의 표피를 뚫고 나와 땅에 떨어져 토양 중에서 용화한다.

방제 이식 전 또는 발생 초기에 카보입제를 10a당 5kg을 1회 이내로 뿌리거나 발생 초기에 물 20L에 칼탑수용제 20g을 타서 약액이 충분히 묻도록 골고루 뿌리는데 6회 이내로 제한하여 사용한다.

▲ 파굴파리 유충

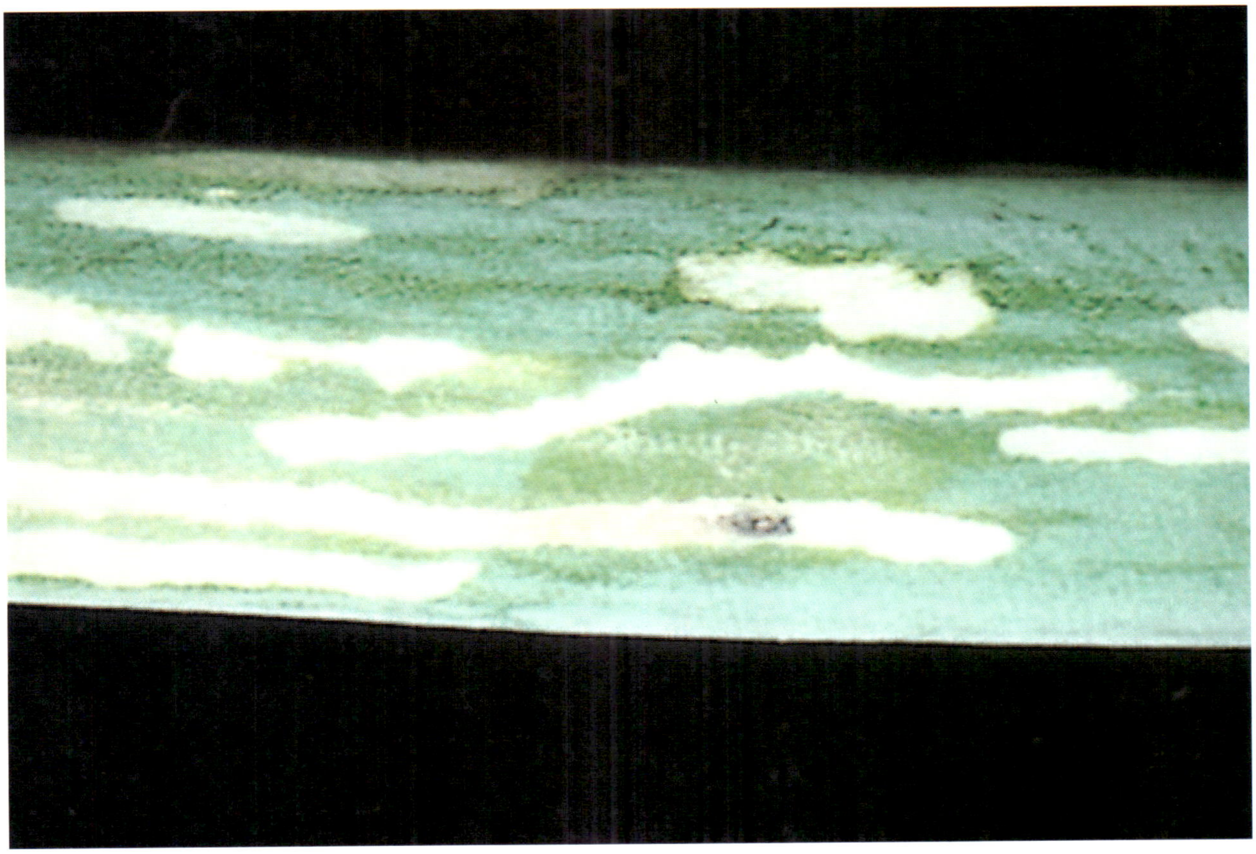

▲ 파굴파리에 의한 피해

19 알뿌리꽃등에

(*Eumerus strigatus* Fallen)

▲ 알뿌리꽃등에 성충

형태 꽃등에과. 성충은 몸길이가 7~8mm이고, 전체가 흑색이다. 가슴 등면에는 약간 구리색의 광택이 있다. 복부에는 쌍으로 된 회백색의 사선무늬가 있다. 노숙유충은 몸길이가 10mm 내외이고, 오염된 황색이다. 꼬리 끝에는 등색의 후기문 돌기가 있다. 번데기는 몸길이가 7mm 내외이고, 쌀섬모양으로 어두운 갈색이다.

피해와 생태 유충이 양파, 감자 등 지하부 외에 수선, 아마릴리스, 백합 등 구근, 화훼, 도라지 등 숙근초를 가해한다. 여름에 재배하는 양파의 구경이 부패하고 악취를 낸다. 부패부위에 황색의 애벌레가 수 십 마리씩 있다. 땅속의 잔재물에 산란하고 부화한 애벌레는 바로 구근에 파고들어 내부를 가해한다. 노숙유충은 밖으로 탈출하여 땅에서 고치를 형성하고 번데기가 된다. 양파의 절편을 이용하여 성충을 유살하는 한편, 발생소장을 알 수 있다. 기주식물의 생육후기에 잎이 붙은 뿌리나 구근의 경부에 산란한다. 부화유충은 구근의 정상부에서 먹어 들어가 인편을 식해한다. 연 2회 발생하는 것으로 생각되며, 성충은 5~6월과 9~10월에 나타난다.

방제 마늘, 양파 등에 등록된 고자리파리나 뿌리응애 약제를 병행하여 사용하면 효과적으로 방제할 수 있다. 묘상이나 정식포장에는 약제를 토양처리 하면 유충의 기생 및 가해를 막을 수 있고 진딧물류, 총채벌레, 뿌리응애의 방제에도 유효하다.

▲ 알뿌리꽃등에 성충

▲ 알뿌리꽃등에 유충

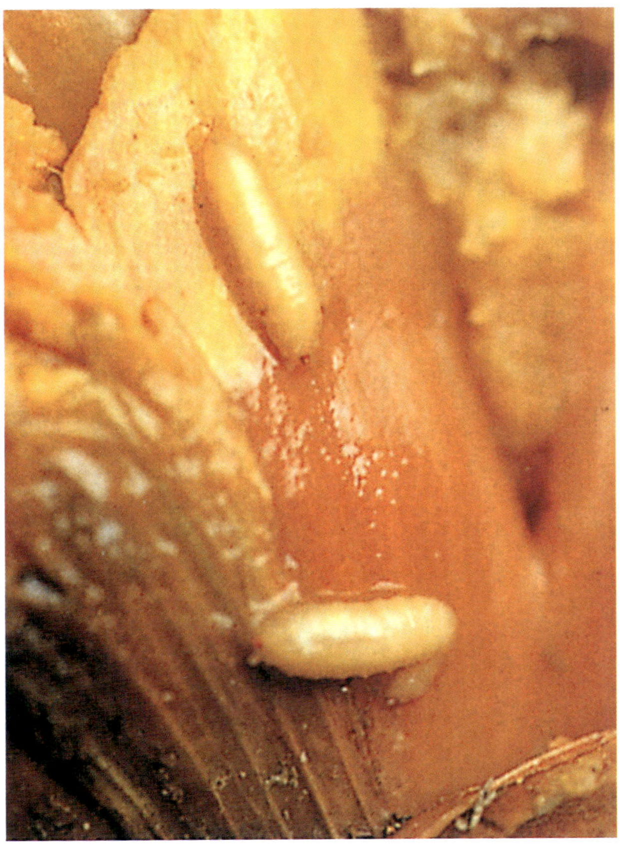

▲ 알뿌리꽃등에 유충

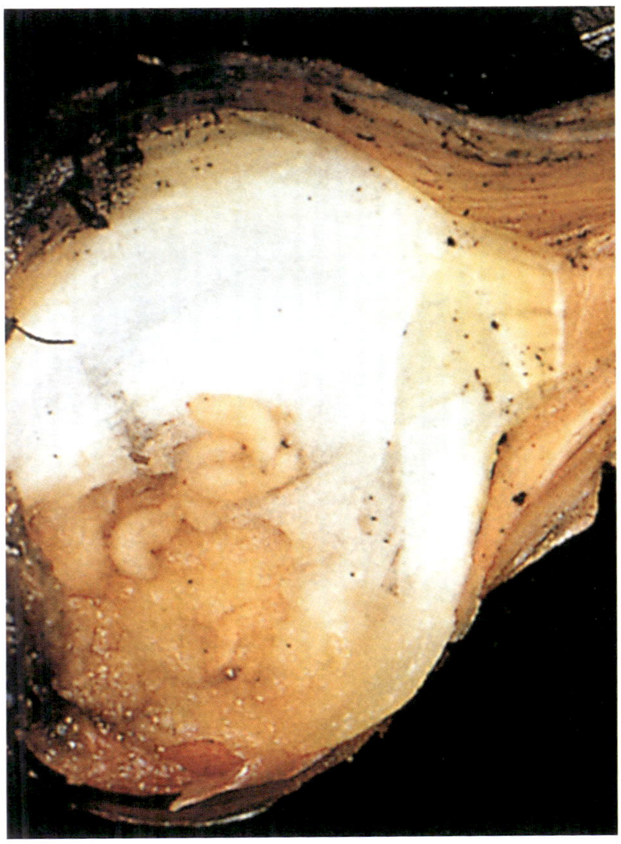

▲ 알뿌리꽃등에 유충

20 고자리파리

(*Delia antiqua* Meigen)

▲ 고자리파리 성충

▲ 고자리파리 유충

형태 파리목 꽃파리과의 해충으로 성충의 몸길이는 5 ~ 7mm이고, 몸색은 회황색이다. 날개는 투명하고, 약간 어두운 황색을 띤다. 씨고자리파리와 유사하지만, 복부 등면에 검은색 중앙선이 없다. 알은 길이가 약 1.5mm이고, 긴 타원형으로 유백색이다. 유충은 성장하면 몸길이가 10mm 내외이고, 앞쪽은 가늘며, 몸은 유백색이다. 번데기는 몸길이가 6mm 내외이고, 방추형으로 적갈색이다.

피해와 생태 유충인 구더기가 양파 줄기의 밑 부분을 파먹어 들어가 지하부의 인경을 가해하는데 피해를 받은 식물체는 광택을 잃고 시들며 점차 황변하여 말라죽는다. 연 2~4회 발생하며 번데기로 월동 한다. 유충은 부패병균을 매개하여 세균에 의해 가해 부위를 부패시키므로 직간접으로 피해를 준다.

파, 양파, 부추, 마늘, 염교 등에 피해가 있다. 지하의 인경부위로 먹어 들어가 부패를 일으키기 때문에 피해가 크게 된다. 성충은 낮에 파속의 특유한 냄새에 유인되어 그루터기나 부근의 흙 틈에 수 개씩 다져 산란한다. 부화유충은 땅속에서 활발하게 이동하여 기주식물의 뿌리를 찾는다. 처음에 잔뿌리를 먹지만, 점차 인경으로 이동하여 심하게 식해한다. 충분히 성장하면 땅속에서 번데기가 된다.

방제 미숙 퇴비시용을 피하고 생육뒤에 유충의 피해가 발생되었으면 피해주는 뽑아낸다.

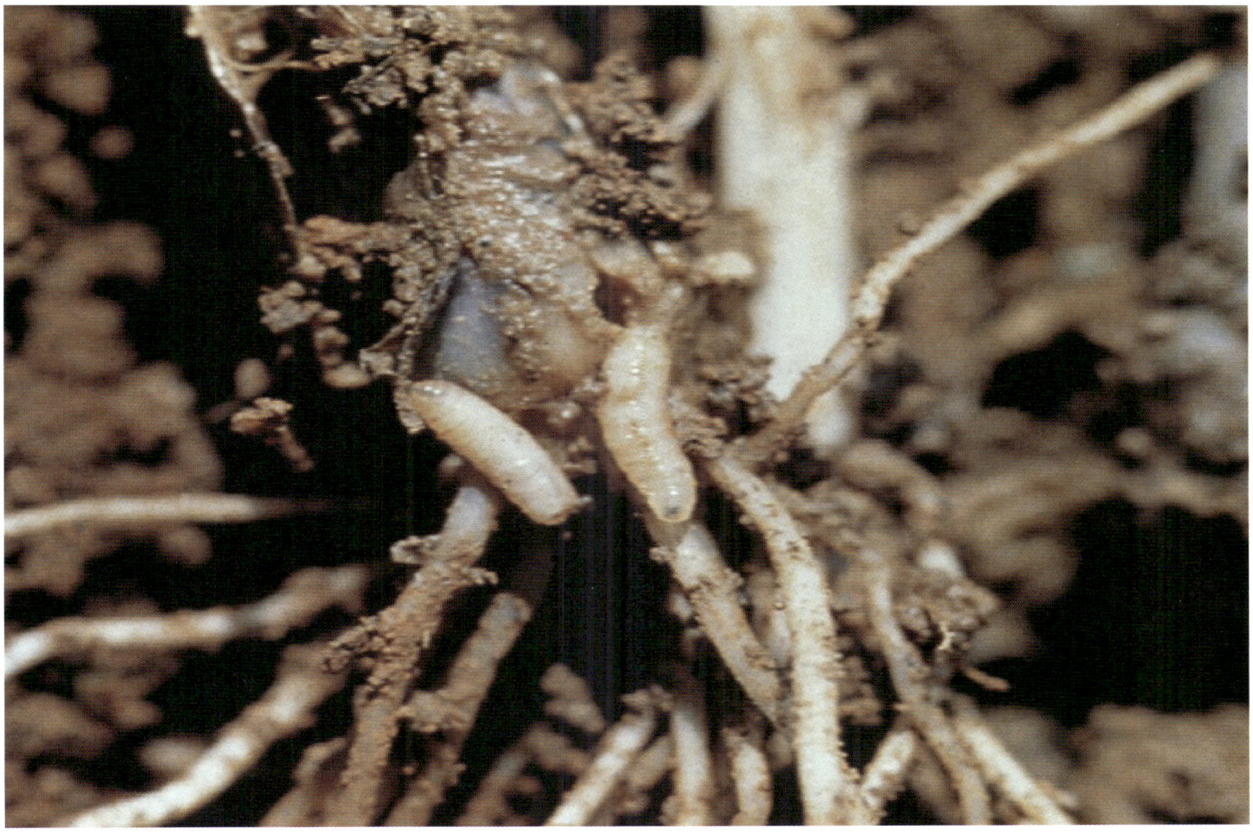

▲ 고자리파리 유충에 의한 피해

▲ 고자리파리 유충에 의한 피해

▲ 고자리파리 피해

21 씨고자리파리

(*Delia platura* Meigen)

▲ 씨고자리파리 성충

형태 파리목 꽃파리과로 고자리파리와 형태가 비슷하여 혼동하기 쉬우나 대개 씨고자리파리가 고자리파리보다 작다. 성충은 몸길이가 4~6mm이고, 몸색은 회색내지 갈색이다. 유충은 성장하면 몸길이가 10mm 내외로 유백색이다.

피해와 생태 파종한지 얼마 되지 않은 종자나 발아한지 얼마 되지 않은 유묘의 지제부로 먹어 들어가 가해한다. 유충이 인경의 생장점으로 먹어 들어간다. 육묘 하우스에서 유충이 먹어 들어간 묘가 반입되면, 이식 후부터 묘의 시들음과 고사가 발생한다. 알에서 깨어난 애벌레는 뿌리부위인 뿌리와 엽초기부 및 인경부위를 가해하는데 피해를 심하게 받은 기주는 아래 잎부터 노랗게 변하면서 시들고 쓰러지거나 말라죽는다. 피해받은 인경이나 자구는 병원균의 침입으로 썩게되어 씨고자리파리, 뿌리응애 및 기타 병해가 혼재되어 발생한다. 경운한지 얼마 되지 않은 습한 기운이 있는 밭에 모여들어 흙덩이 속에 산란한다.

방제 잘 썩지 않는 퇴비나 축비를 사용하면 토양에서 부숙될 때 발생하는 냄새 때문에 파리가 유인되므로 완전히 부숙된 것을 사용하는 것이 좋다. 토양해충으로 파종 전 약제의 토양처리가 필요하다. 월동 후에는 애벌레가 3월 중순에 가장 많으므로 3월 상순경에 약효가 긴 적용약제를 처리한다.

▲ 씨고자리파리 성충

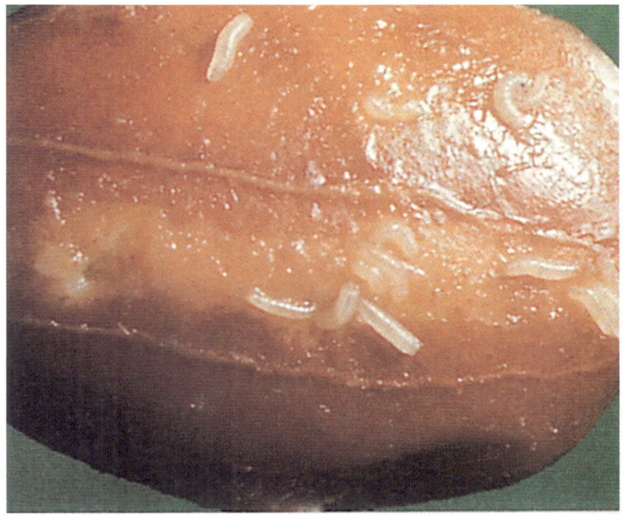

▲ 씨고자리파리 유충

▲ 씨고자리파리 유충

▲ 지표부근에 산란한 알

▲ 씨고자리파리 유충과 식해흔적

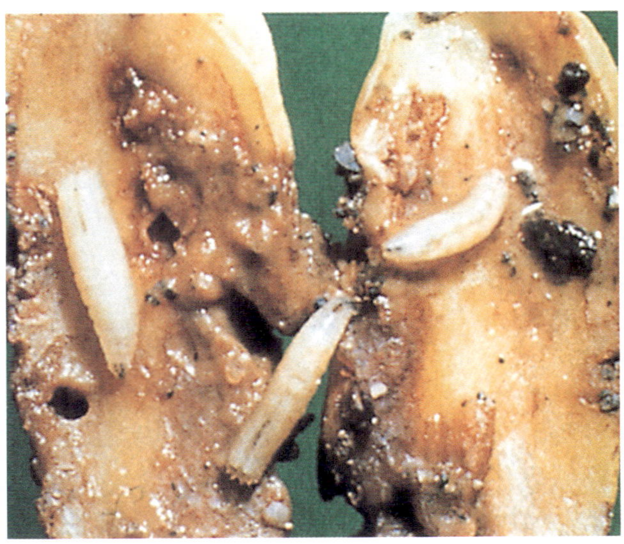

▲ 씨고자리파리 유충과 피해

씨고자리파리

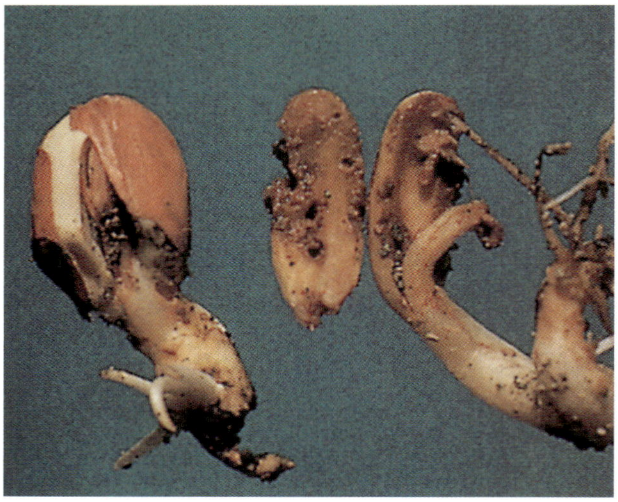

▲ 씨고자리파리 유충에 의한 피해

▲ 씨고자리파리 유충에 의한 피해

▲ 씨고자리파리 피해 모종

▲ 씨고자리파리 피해 모종

▲ 씨고자리파리 의한 피해(멜론)

▲ 씨고자리파리 피해(쪽파)

마늘

[Garlic]

• 사용 제한 농약성분(농약잔류조사결과) •

• PLS (농약허용물질관리제도)에 의한 등록고시된 적용 약제만 사용 •

주 의 사 항

- 마늘 재배농가는 '사용 제한 농약성분'이 포함된 농약은 사용이 불가하니 구입하거나 사용하지 말아야 하며, 해당 농약을 보관하고 있을 경우 가까운 농약판매점 또는 농협에게 반품. 교환 요청
- "농약정보서비스" (pis.rda.go.kr), "농사로"(www.nongsaro.go.kr)또는 농약판매상에게 등록여부 및 안전사용기준을 확인하고 사용할 것

마늘

1. 살균제 - 마늘

병해충	농약품목명	상표명	작용기작
검은무늬병	플루실라졸.크레속심메틸 액상수화제	귀품	사1+다3
	클로로탈로닐 액상수화제	다코닐에이스	카
	클로로탈로닐.디페노코나졸 액상수화제	단단	카+사1
	프로피네브 수화제	새론	카
	클로로탈로닐.디페노코나졸 입상수화제	이지팜	카+사1
녹병	디페노코나졸 입상수화제	내비균	사1
	디페노코나졸 유제	밀고,푸르겐	사1
	디니코나졸 수화제	빈나리	사1
	디페노코나졸.이미녹타딘트리아세테이트 미탁제	삼진왕	사1+카
	디페노코나졸.플룩사피록사드 액상수화제	아티클	사1+다2
	디페노코나졸.크레속심메틸 액상수화제	올레디	사1+다3
	디페노코나졸 액상수화제	푸름이	사1
	메펜트리플루코나졸 액상수화제	레빅사	사1
	메펜트리플루코나졸 입상수화제	렌비어	사1
	메트코나졸 액상수화제	살림꾼	사1
	메트코나졸 입상수화제	살림꾼	사1
	아족시스트로빈.디페노코나졸 액상수화제	세이브팜,아미스타탑	다3+사1
	메트코나졸.피라클로스트로빈 액상수화제	일등탄	사1+다3
	디페노코나졸.피리벤카브 액상수화제	차단	사1+다3
	클로로탈로닐.크레속심메틸 액상수화제	경탄	카+다3
	크레속심메틸 액상수화제	스트로비	다3
	테부코나졸 수화제	실바코	사1
	아족시스트로빈.클로로탈로닐 액상수화제	오티머스,오티바옵티	다3+카
	아족시스트로빈.헥사코나졸 액상수화제	클릭	다3+사1
	크레속심메틸.메트코나졸 입상수화제	혜성	다3+사1
	테부코나졸 유제	호리쿠어	사1
	플루퀸코나졸.피리메타닐 액상수화제	금모리	사1+라1
	플루퀸코나졸.트리플록시스트로빈 액상수화제	듬지칸	사1+다3
	프로클로라즈망가니즈.테부코나졸 수화제	사천왕	사1+사1
	테부코나졸 유탁제	선가드	사1
	프로피코나졸.테부코나졸 유현탁제	영일베스트	사1+사1
	플룩사피록사드 액상수화제	카디스	다2
	트리플록시스트로빈 액상수화제	프린트	다3
	헥사코나졸.발리다마이신에이 미탁제	금바다	사1+ 미분류(살균제)

병해충	농약품목명	상표명	작용기작
녹병	피라클로스트로빈.테부코나졸 액상수화제	포르투나	다3+사1
	피라클로스트로빈 액상수화제	프로키온	다3
	헥사코나졸 액상수화제	한빛	사1
무름병	옥솔린산 수화제	다이너스티,명인탄,무름반점뚝,,신밧드,아리일꾼,옥시로,일기당천,일품,콜라보,큐어균,크린킹,킬러펜서,태왕,테라신,폴카	가4
	가스가마이신 입상수화제	메가폰,카스민	라3
	옥솔린산 입상수화제	명품탄,배차엔진품,비천무	가4
	옥솔린산 유상수화제	무름멘다	가4
	아시벤졸라-에스-메틸 입상수화제	비온	차1
	발리다마이신에이 입상수화제	영일스마트	미분류(살균제)
	발리다마이신에이 액상수화제	한누내	미분류(살균제)
	옥시테트라사이클린다이하이드레이트.발리다마이신에이 수화제	미스타클린	라5+미분류(살균제)
	옥솔린산.옥시테트라사이클린다이하이드레이트 수화제	부가티	가4+라5
	옥시테트라사이클린다이하이드레이트 입상수화제	브래이브,옥싸이클린	라5
	옥솔린산.옥시테트라사이클린다이하이드레이트 입상수화제	빅히트	가4+라5
	옥솔린산.발리다마이신에이 입상수화제	세균탄	가4+미분류(살균제)
	옥솔린산.스트렙토마이신 수화제	스타나마이신,아무러,옥토퍼스	가4+라4
	옥솔린산.발리다마이신에이 수화제	위풍당당	가4+미분류(살균제)
	코퍼옥시클로라이드.가스가마이신 수화제	가스란	카+라3
	옥시테트라사이클린칼슘알킬트리메틸암모늄 수화제	성보싸이클린	라5
	옥시테트라사이클린칼슘알킬트리메틸암모늄.발리다마이신에이 수화제	성보크린	라5+미분류(살균제)
	옥시테트라사이클린칼슘알킬트리메틸암모늄.스트렙토마이신황산염 수화제	아그리마이신	라5+라4
	옥시테트라사이클린하이드로클로라이드.스트렙토마이신황산염 입상수용제	엠블런,젠토마이신	라5+라4
	코퍼옥시클로라이드.옥시테트라사이클린다이하이드레이트 입상수화제	크러쉬	카+라5
	큐프러스옥사이드.스트렙토마이신 수화제	탐나라	카+라4
	포세틸알루미늄.아이소티아닐 입상수화제	티비앙	차7+차3
세균점무늬병	코퍼옥시클로라이드.디티아논 수화제	델란케이	카+카
	옥솔린산 유상수화제	무름멘다	가4
	코퍼하이드록사이드.스트렙토마이신 수화제	타미나	카+라4

마늘

1. 살균제 - 마늘

병해충	농약품목명	상표명	작용기작
잎마름병	디페노코나졸.테부코나졸 분산성액제	르네상스	사1+사1
	디페노코나졸.테부코나졸 액상수화제	메가킹	사1+사1
	디페노코나졸.이미녹타딘트리아세테이트 미탁제	삼진왕	사1+카
	디티아논.크레속심메틸 액상수화제	수고탄	카+다3
	디페노코나졸.크레속심메틸 액상수화제	올레디	사1+다3
	디메토모르프.피라클로스트로빈 액상수화제	캐스팅	아5+다3
	디페노코나졸 분산성액제	푸리온	사1
	만코제브 수화제	다이센엠-45	카
	메펜트리플루코나졸 액상수화제	레빅사	사1
	메트코나졸 액상수화제	살림꾼	사1
	디페노코나졸.플룩사피록사드 액상수화제	아티클	사1+다2
	메트코나졸.피라클로스트로빈 액상수화제	일등탄	사1+다3
	디페노코나졸.피리벤카브 액상수화제	차단	사1+다3
	메트코나졸.티오파네이트메틸 입상수화제	히트맨	사1+나1
	아족시스트로빈 액상수화제	균디스,균메카,균업세,균파워,그리폰,다승왕,대유아족시,더블탄,두루두루,빅펀치,아너스,아젠포스,알리바바,에코랑,오티바,원킥,육탄전,자벨린,미라도,매직탄,탑앤탑투빅,폴리비전,프리건,행운	다3
	보스칼리드.피라클로스트로빈 입상수화제	라이선스,칸투리오,벨리스플러스	다2+다3
	메펜트리플루코나졸 입상수화제	렌비어	사1
	메펜트리플루코나졸.피라클로스트로빈 액상수화제	멜리아	사1+다3
	바실루스서브틸리스시제이-9 액상현탁제	바이오탑세이버,탑세이버	생1
	벤티아발리카브아이소프로필.클로로탈로닐 액상수화제	차무로	아5+카
	아족시스트로빈.디페노코나졸 액상수화제	홍단패,효과신,아미스타탑	다3+사1
	이미녹타딘트리스알베실레이트 수화제	벨쿠트	카
	이미녹타딘트리스알베실레이트 액상수화제	부티나,탤런트	카
	아족시스트로빈.클로로탈로닐 액상수화제	오티머스,오티바옵티	다3+카
	아족시스트로빈.테부코나졸 액상수화제	와이카두,커스토디아,고속탄	다3+사1
	아족시스트로빈.플루디옥소닐 액상수화제	참누리	다3+마2
	아족시스트로빈.헥사코나졸 액상수화제	클릭	다3+사1
	아족시스트로빈.플루아지남 액상수화제	프루락	다3+다5

병해충	농약품목명	상표명	작용기작
잎마름병	이프로디온 수화제	균사리,균프로,로데오,벤프로디온,새노브란,인바이오이프로,잿빛곰팡이마름뚝,프로디온	마3
	코퍼설페이트베이식 수화제	네오보르도	카
	이프로디온.티오파네이트메틸 수화제	다스린	마3+나1
	이프로디온.프로클로라즈망가니즈 수화제	로브곤	마3+사1
	캡탄 입상수화제	머판	카
	이미녹타딘트리아세테이트 액제	베푸란	카
	카벤다짐.클로로탈로닐 액상수화제	탄프로	나1+카
	코퍼하이드록사이드 수화제	경농쿠퍼,대유코퍼,동방쿠퍼,코사이드	카
	코퍼하이드록사이드 입상수화제	고운손	카
	코퍼옥시클로라이드.디티아논 수화제	델란케이	카+카
	크레속심메틸 액상수화제	스트로비	다3
	코퍼옥시클로라이드.옥시테트라사이클린다이하이드레이트 입상수화제	크러쉬	카+라5
	코퍼옥시클로라이드.디메토모르프 수화제	포룸씨	카+아5
	크레속심메틸.메트코나졸 입상수화제	혜성	다3+사1
	클로로탈로닐 수화제	가이온,강침탄,골고루,다코닐,선문타로닐,아리타로닐,초우크,타로닐,하이타로닐	카
	클로로탈로닐.크레속심메틸 액상수화제	경탄	카+다3
	클로로탈로닐 액상수화제	다코닐에이스,적격탄,정통파,탑라인,하이타로닐	카
	클로로탈로닐.테부코나졸 수화제	리치원	카+사1
	클로로탈로닐.만코제브 수화제	코다이	카+카
	클로로탈로닐.피라클로스트로빈 액상수화제	탄저왕	카+다3
	클로로탈로닐.테부코나졸 액상수화제	히든탄	카+사1
	펜티오피라드 액상수화제	골드타임	다2
	테부코나졸 입상수화제	다정다감,밀리언,버전업,튜터,실바코,안심카드	사1
	트리플록시스트로빈 액상수화제	탄자비상,트랜디,프린트,해모루	다3
	트리플록시스트로빈 입상수화제	에이플	다3
	트리플루미졸 수화제	트리후민	사1
	테부코나졸 분산성액제	티포라탄	사1
	테부코나졸 유제	호리쿠어	사1
	프로클로라즈.테부코나졸 유제	두아졸	사1+사1
	프로피네브 수화제	새론,안트라콜,어바우트,프로랭스	카
	플루디옥소닐 분산성액제	슈퍼사이드	마2
	프로클로라즈망가니즈 수화제	스포르곤	사1
	프로피코나졸.테부코나졸 유현탁제	영일베스트	사1+사1
	펜헥사미드.테부코나졸 액상수화제	타이브랙	사3+사1
	프로피네브.피라클로스트로빈 입상수화제	탄젠트	카+다3

마늘

1. 살균제 - 마늘

병해충	농약품목명	상표명	작용기작
잎마름병	플루디옥소닐 액상수화제	그린플루닐,깔사미,사파이어,사피엔스,암무트,애니팡,에코탄,엘도라도,이레이져,잿비세,젠토해드림골드,청풍명월,쿠페,효자촌,뜨래조아	마2
	플루디옥소닐.펜티오피라드 액상수화제	더블플레이	마2+다2
	플루오피람.테부코나졸 액상수화제	머큐리듀오	다2+사1
	플루아지남 액상수화제	모두랑,우람	다5
	플루디옥소닐.아이소페타미드 액상수화제	에프원	마2+다2
	플루퀸코나졸 수화제	카스텔란	사1
	플루아지남.피라클로스트로빈 액상수화제	힐링샷	다5+다3
	플루퀸코나졸.트리플록시스트로빈 액상수화제	듬지칸	사1+다3
	피디플루메토펜 액상수화제	미래빛	다2
	플룩사피록사드.피라클로스트로빈 액상수화제	미리본	다2+다3
	피라지플루미드 액상수화제	비긴엔	다2
	플룩사피록사드.메탈락실-엠 액상수화제	속시원	다2+가1
	플룩사피록사드 액상수화제	카디스	다2
	플루퀸코나졸.플룩사피록사드 액상수화제	카스티요	사1+다2
	피리벤카브 액상수화제	선두주자	다3
	피콕시스트로빈 입상수화제	수퍼킥	다3
	피리메타닐 수화제	스칼라	라1
	피라클로스트로빈 유제	스탠바이,썰탄,조반니,카네기,카브로빈,카브리오	다3
	피콕시스트로빈 액상수화제	아칸토	다3
	피라클로스트로빈 입상수화제	카브리오에이	다3
	헥사코나졸 수화제	푸지매	사1
	피라클로스트로빈 액상수화제	프로키온	다3
잎마름병 (무인항공기)	만데스트로빈 액상수화제	만데스	다3
	아족시스트로빈.헥사코나졸 액상수화제	클릭	다3+사1
	테부코나졸.트리플록시스트로빈 액상수화제	나티보	사1+다3
	보스칼리드.피라클로스트로빈 액상수화제	벨리스에스	다2+다3
	메트코나졸 액상수화제	살림꾼	사1
	크레속심메틸 액상수화제	스트로비	다3
	트리플록시스트로빈 입상수화제	에이플	다3
	프로피코나졸.테부코나졸 유현탁제	영일베스트	사1+사1
	아족시스트로빈.플루디옥소닐 액상수화제	참누리	다3+마2

병해충	농약품목명	상표명	작용기작
잎집썩음병	가스가마이신 입상수화제	메가폰	라3
	스트렙토마이신.발리다마이신에이 수화제	방범대	라4+ 미분류(살균제)
	옥솔린산 입상수화제	배차엔진품	가4
	발리다마이신에이 수용제	용마루	미분류(살균제)
	옥솔린산 수화제	일품	가4
	가스가마이신.폴리옥신디 입상수화제	차트라	라3+아4
	발리다마이신에이 액상수화제	한누내	미분류(살균제)
	헥사코나졸.발리다마이신에이 미탁제	금바다	사1+ 미분류(살균제)
	옥솔린산.발리다마이신에이 입상수화제	세균탄	가4+ 미분류(살균제)
	옥솔린산.스트렙토마이신 수화제	아무러,옥토퍼스	가4+라4
	코퍼옥시클로라이드. 코퍼하이드록사이드 액상수화제	에스지세균박사	카+카
	옥시테트라사이클린다이하이드레이트 입상수화제	옥싸이클린	라5
	코퍼옥시클로라이드. 옥시테트라사이클린다이하이 드레이트 입상수화제	크러쉬	카+라5
종구소독	베노밀.티람 수화제	삼공베노람,큰나락	나1+카
흑색썩음균핵병	다조멧 입제	다조맥스,다조미드,땅고수,밧사미드, 부농왕,아진밭사미,앗사미,크린쏘일	미분류(살균제)
	메트코나졸 액상수화제	디렉터,살림꾼,올샷	사1
	만데스트로빈 액상수화제	만데스	다3
	메트코나졸 입상수화제	살림꾼	사1
	디페노코나졸. 이미녹타딘트리아세테이트 미탁제	삼진왕	사1+카
	디페노코나졸.플룩사피록사드 액상수화제	아티클	사1+다2
	메탈락실.테부코나졸 입제	안심탄,역균탄	가1+사1
	디페노코나졸.프로피코나졸 유제	플레이	사1+사1
	보스칼리드.크레속심메틸 액상수화제	가이드,코리스	다2+다3
	메트코나졸 입제	균핵탄	사1
	메펜트리플루코나졸.피라클로스트로빈 액상수화제	멜리아	사1+다3
	보스칼리드.피라클로스트로빈 액상수화제	벨리스에스	다2+다3
	보스칼리드.피라클로스트로빈 입상수화제	벨리스플러스	다2+다3
	보스칼리드 입상수화제	칸투스	다2
	메트코나졸.티오파네이트메틸 입상수화제	히트맨	사1+나1
	보스칼리드.피라클로스트로빈 입제	벨리스플러스	다2+다3
	아이소프로티올레인 입제	신문고,후치왕	바2
	아이소페타미드 액상수화제	크리올	다2
	아족시스트로빈.헥사코나졸 액상수화제	클릭	다3+사1
	카벤다짐.테부코나졸 수화제	탄자꼬	나1+사1
	카벤다짐.테부코나졸 액상수화제	탄탄	나1+사1
	시메코나졸 입제	튼실이	사1

1. 살균제 - 마늘

병해충	농약품목명	상표명	작용기작
흑색썩음균핵병	테부코나졸 유제	균가이버,누리꾼,대유균박멸,론케어,마꼬잡꼬,버디,보증샷,시크릿,예스탄,오제미,캐스터,탄부탄,테부칸,테부콜,호리쿠어,호미론	사1
	클로로탈로닐.테부코나졸 수화제	리치원	카+사1
	크레속심메틸.메트코나졸 입상수화제	혜성	다3+사1
	클로로탈로닐.테부코나졸 액상수화제	히든탄	카+사1
	테부코나졸 미탁제	균가이버골드,균박사,균포수,스타게이트,신농팜균박사,우대포,테부칸	사1
	테부코나졸 수화제	균어택,균포수,실바코,실크로드,씰빠꼬뿔,오제미,탄보험,탄부탄,탄스타,테부칸,티메이드,해모수	사1
	테부코나졸 액상수화제	실바코,플러스,타비야,파스칼	사1
	테부코나졸 유탁제	선가드,오리우스	사1
	테부코나졸 입상수화제	다정다감,밀리언,버전업,안심카드,튜너	사1
	테부코나졸 입제	마제스타,백중탄,실바코,중무장,탄보험,토장금	사1
	테부코나졸.티플루자마이드 입제	균핵용사	사1+다2
	테부코나졸.티오파네이트메틸 입제	내바테	사1+나1
	테부코나졸.티오파네이트메틸 액상수화제	치프너	사1+나1
	테부코나졸.티플루자마이드 액상수화제	호리탐	사1+다2
	티플루자마이드 입제	그래탐	다2
	티플루자마이드 액상수화제	장타	다2
	펜사이큐론 입제	몬스터	나4
	펜사이큐론.테부코나졸 액상수화제	클로징,터프시바,해피존	나4+사1
	펜사이큐론.티플루자마이드 유제	영그네	나4+다2
	펜티오피라드 유제	크린캡	다2
	프로클로라즈망가니즈 입제	스포르곤	사1
	펜피라자민 입상수화제	펜피라	사3
	프로클로라즈코퍼클로라이드.테부코나졸 액상수화제	균마기골드	사1+사1
	프로피코나졸.테부코나졸 유현탁제	영일베스트	사1+사1
	프로피코나졸 입제	흑균탄	사1
	플루디옥소닐 액상수화제	그린플루닐,사파이어,사피엔스,샤이나,애니팡,에코탄,이레이져	마2
	플루디옥소닐 분산성액제	슈퍼사이드	마2
	플루디옥소닐 입상수화제	모하비	마2
	플루디옥소닐 종자처리액상수화제	아리스위퍼	마2
	플루디옥소닐.프로클로라즈 액상수화제	균사마	마2+사1
	플루오피람.테부코나졸 액상수화제	머큐리듀오	다2+사1
	플루퀸코나졸 입제	카스텔란	사1
	플루퀸코나졸 수화제	카스텔란	사1
	플루퀸코나졸.트리플록시스트로빈 액상수화제	듬지칸	사1+다3

병해충	농약품목명	상표명	작용기작
흑색썩음균핵병	플루퀸코나졸.테부코나졸 입제	모라처	사1+사1
	플루퀸코나졸.플룩사피록사드 액상수화제	카스티요	사1+다2
	플루톨라닐 입제	몬카트	다2
	플루톨라닐 유제	몬카트	다2
	플루톨라닐.아이소프로티올레인 유제	뉴그린	다2+바2
	플루톨라닐.아이소프로티올레인 수화제	뉴그린	다2+바2
	플룩사피록사드 액상수화제	카디스	다2
	플룩사피록사드 입제	카디스	다2
	플룩사피록사드.메펜트리플루코나졸 액상수화제	동방아그로마블	다2+사1
	피디플루메토펜 액상수화제	미래빛,푸사이런	다2
	플룩사피록사드.피라클로스트로빈 입제	미리본	다2+다3
	플룩사피록사드.메탈락실-엠 액상수화제	속시원	다2+가1
	피라지플루미드 액상수화제	비긴엔	다2
	피리벤카브 액상수화제	선두주자	다3
	피리벤카브 종자처리액상수화제	씨드캅	다3
	헥사코나졸 수화제	푸지매	사1
	헥사코나졸.메탈락실 입제	골드문	사1+가1
	헥사코나졸.발리다마이신에이 미탁제	금바다	사1+ 미분류(살균제)
	헥사코나졸.아이소프로티올레인 입제	무병지	사1+바2
	헥사코나졸 입제	안빌	사1
	헥사코나졸.티플루자마이드 액상수화제	필승	사1+다2
	헥사코나졸.티플루자마이드 입제	핵폭탄	사1+다2
흑색썩음균핵병 (분의)	플루퀸코나졸.프로클로라즈망가니즈 수화제	성보탄저박사	사1+사1
흑색썩음균핵병 (분무)	플루퀸코나졸.프로클로라즈망가니즈 수화제	성보탄저박사	사1+사1

2.살충제 - 마늘

병해충	농약품목명	상표명	작용기작
고자리파리	다이아지논 입제	다이아톤	1b
	다이아지논.포레이트 입제	대풍	1b+1b
	델타메트린.테부피림포스 입제	근충탄	3a+1b
	디메토에이트 입제	사령탑,싸이먼	1b
	디노테퓨란 수화제	오신	4a
	디노테퓨란 입상수화제	팬텀	4a
	디클로르보스.람다사이할로트린 분산성액제	돌격대	1b+3a
	루페뉴론 유제	매치,파밤탄,활주로	15
	벤퓨라카브 입상수화제	더원	1a
	벤퓨라카브 입제	돌진	1a
	비펜트린 액상수화제	리모트	3a
	비펜트린 분제	스퍽	3a
	비펜트린.폭심 입제	나가충	3a+1b
	비펜트린.터부포스 입제	데푸콘	3a+1b
	비펜트린.디메토에이트 유제	마양골드	3a+1b
	비펜트린.카두사포스 입제	슈퍼캅	3a+1b
	비펜트린.카보설판 입제	충폭탄	3a+1a
	아바멕틴.디노테퓨란 액제	번아웃	6+4a
	아바멕틴.클로란트라닐리프롤 액상수화제	볼리암타고,아피스	6+28
	아바멕틴.비펜트린 액상수화제	브리가드	6+3a
	사이퍼메트린.테부피림포스 입제	싸이포스	3a+1b
	아세타미프리드.비펜트린 입상수화제	직격탄	4a+3a
	사이플루트린.테부피림포스 입제	카핀다	3a+1b
	사이안트라닐리프롤 유제	프로큐어	28
	제타사이퍼메트린 유탁제	도미넥스	3a
	카두사포스 입제	럭비,아파치	1b
	카두사포스 캡슐현탁제	럭비골드,쏘일갑	1b
	에토펜프록스.터부포스 입제	바태다	3a+1b
	카두사포스.카보설판 입제	샤리프	1b+1a
	에토프로포스.터부포스 입제	심마니	1b+1b
	에토프로포스.피프로닐 입제	토양충평정	1b+2b
	카보설판 입제	가제트,마샬,쌀지기,쏘버린	1a
	카보설판 유탁제	대타자,쏘버린	1a
	카보설판 액상수화제	랩소디,마진,만루포	1a
	카바릴 수화제	세빈	1a
	카보설판.테플루트린 입제	카테고리	1a+3a
	카보설판 수화제	포수	1a
	클로티아니딘.페니트로티온 입제	다아라	4a+1b
	터부포스 입제	땅사,말뚝,멸땅충,속사충,아리타보,카운타,토양탄	1b
	클로르플루아주론 유제	아타브론	15
	테부피림포스.테플루트린 입제	자바드림	1b+3a
	카보퓨란 입제	큐라텔,후라단	1a

병해충	농약품목명	상표명	작용기작
고자리파리	카탑하이드로클로라이드 입제	파단	14
	테플루트린 입제	포스	3a
	플룩사메타마이드 유제	캡틴	30
	포레이트.터부포스 입제	토지탄	1b+1b
구근선충	에토프로포스 입제	모캡,신농팜캡,젠토캡,충에센,필사충	1b
	카두사포스.카보설판 입제	샤리프	1b+1a
마늘줄기선충	플루오피람 입제	벨룸	다2
	아바멕틴.비펜트린 액상수화제	브리가드	6+3a
	포스티아제이트 액제	선충탄	1b
	카보설판.테플루트린 입제	카테고리	1a+3a
마늘혹응애	사이플루메토펜 액상수화제	파워샷	25a
	에마멕틴벤조에이트 유제	네이팜,동작그만,말라타,맥스팜,메가트론,메가히트,메카,모스파워,불카누스,브리핑,쓸이충,아리팜,에마킹,에마팜,에이팜썬더,에코골드,워록,이투킬,제트팜,충펀치,카이노바,코난,킹팜골드,트라제	6
	페니트로티온 유제	새메프,스미치온,신농팜메프치온,팜한농메프치온,페니트로	1b
매미나방	에마멕틴벤조에이트 유제	네이팜,동작그만,말라타,맥스팜,메가트론,메가히트,메카,모스파워,불카누스,브리핑,쓸이충,아리팜,에마킹,에마팜,에이팜썬더,에코골드,워록,이투킬,제트팜,충펀치,카이노바,코탄,트라제,킹팜골드	6
	피리달릴 유탁제	알지오	미분류(살충제)
	클로란트라닐리프롤 수화제	프레바톤	28
뿌리응애	디메토에이트 유제	다이칸,록숀,루트원,사령탑,삼공디메토,샤우팅,싸이먼	1b
	다이아지논.포레이트 입제	대풍	1b+1b
	감마사이할로트린 캡슐현탁제	리무진	3a
	디클로르보스.람다사이할로트린 분산성액제	돌격대	1b+3a
	디메토에이트 입제	사령탑,싸이먼	1b
	벤퓨라카브 입제	키워드	1a
	비펜트린 액상수화제	리모트	3a
	비펜트린 분제	스퍽	3a
	뷰프로페진 수화제	히로인	16
	비펜트린.디메토에이트 유제	마양골드	3a+1b
	비펜트린 입제	스퍽,조쿠만	3a
	비펜트린.카보설판 입제	충폭탄	3a+1a
	비펜트린 입상수화제	캡처	3a
	비펜트린.폭심 입제	나가충	3a+1b
	비펜트린.터부포스 입제	데푸콘	3a+1b
	아바멕틴 유제	레딧고,무브먼트,아바킹,현농솔루션	6
	아바멕틴.에마멕틴벤조에이트 미탁제	더블멕틴,아벰,충체포	6+6
	아바멕틴.디노테퓨란 액제	번아웃	6+4a
	아바멕틴.클로란트라닐리프롤 액상수화제	아피스볼리암타고	6+28
	아바멕틴.비펜트린 액상수화제	브리가드	6+3a
	제타사이퍼메트린 분제	무스탕	3a

2.살충제 - 마늘

병해충	농약품목명	상표명	작용기작
뿌리응애	에토펜프록스.터부포스 입제	바태다	3a+1b
	카바릴 수화제	세빈	1a
	클로르페나피르 액상수화제	섹큐어	13
	카두사포스 입제	아파치	1b
	아세타미프리드.비펜트린 입상수화제	직격탄	4a+3a
	클로르페나피르.플룩사메타마이드 유제	타르보	13+30
	터부포스 입제	땅사	1b
	펜피록시메이트 액상수화제	살비왕	21a
	페니트로티온 유제	새메프,스미치온,신농팜메프치온,팜한농메프치온,페니트로	1b
	플룩사메타마이드 유탁제	다트롤	30
	플룩사메타마이드.메타플루미존 유제	라이징	30+22b
	헥시티아족스 수화제	붐	10a
	포레이트 입제	싸이메트,올광	1b
	플룩사메타마이드 유제	캡틴	30
	포레이트.터부포스 입제	토지탄	1b+1b
줄기구근선충	이미시아포스 액제	네마킥	1b
	아바멕틴.에마멕틴벤조에이트 미탁제	더블멕틴,충체포	6+6
	카보설판 액상수화제	마진,만루포	1a
	포스티아제이트 입제	선충탄,호크아이,네마존	1b
	카두사포스 캡슐현탁제	쏘일캅	1b
	카두사포스 입제	아파치	1b
파잎벌레	카보설판 액상수화제	만루포,마진	1a
	클로티아니딘 액상수화제	빅카드	4a
파좀나방	비펜트린 유제	강써브,뉴증원군,다이다이,비펜스,타스타	3a
	델타메트린 유제	데스플러스,데시스,델타시스,선문델타린,신농팜델타린,업로드,오지다,유원델타린,장원,케오왕	3a
	메톡시페노자이드 수화제	팔콘	18
	스피네토람 입상수화제	델리게이트	5
	설폭사플로르 입상수화제	스트레이트	4c
	에토펜프록스 유탁제	명타자	3a
	에마멕틴벤조에이트 유제	네이팜,동작그만,말라타,맥스팜,메가트론,메가히트,메카,모스파워,불카누스,브리핑,쓸이충,아리팜,에마킹,에마팜,에이팜,에이팜썬더,에코골드,워록,이투킬,제트팜,충펀치,카이노바,코난,킹팜골드,트라제	6
	에토펜프록스.메톡시페노자이드 유현탁제	바로확	3a+18
	에토펜프록스.메타플루미존 유현탁제	살리미	3a+22b
	피리달릴 유탁제	알지오	미분류(살충제)
	플룩사메타마이드 유제	캡틴	30
	제타사이퍼메트린 유제	퓨리	3a
파총채벌레	디메토에이트 유제	다이칸,록숀,루트원,사령탑,삼공디메토,샤우팅,싸이먼	1b

병해충	농약품목명	상표명	작용기작
파총채벌레	사이안트라닐리프롤 유상수화제	싸이캅	28
	아바멕틴.에마멕틴벤조에이트 미탁제	아벰	6+6
	아바멕틴.아세타미프리드 입상수화제	타이틀	6+4a
	에마멕틴벤조에이트 유제	네이팜,동작그만,말라타,맥스팜,메가트론,메가히트,메카,모스파워,불카누스,브리핑,쓸이충,아리팜,에마킹,에마팜,에이팜,에이팜썬더,에코골드,워록,이투킬,제트팜,충펀치,카이노바,코난,킹팜골드,트라제	6
	클로르페나피르 액상수화제	공로자,나방앤드,미네아,블랙원,섹큐어,써커데드,아리큐어,엔젤팜,올래팜,와일더,총채도사,충레스,충방패,충킥,클린메이커,킬맥,티큐어,팍자바,팜큐어,패스트롱,하이충,헌티드,화신	13
	클로르페나피르 유제	렘페이지,아이언맨	13
	클로티아니딘 액상수화제	빅카드	4a
	플룩사메타마이드 유제	캡틴	30
파총채벌레 (무인항공)	클로르페나피르 액상수화제	섹큐어	13
혹응애	알루미늄포스파이드 훈증제	에피흄	24a
흑색썩음균핵병	메탐소듐 액제	킬퍼	8f

3. 살균 • 살충제 - 마늘

병해충	농약품목명	상표명	작용기작
고자리파리	테부코나졸.디메토에이트 입제	기선제압	사1+1b
	메트코나졸.비펜트린 유제	킹스타	사1+3a
	메트코나졸.비펜트린 입제	킹스타	사1+3a
	테부코나졸.비펜트린 입제	더블센서	사1+3a
	테부코나졸.람다사이할로트린 입제	토마호크	사1+3a
	헥사코나졸.테플루트린 입제	광야	사1+3a
	테부코나졸.터부포스 입제	통타	사1+1b
	티플루자마이드.비펜트린 입제	투블럭	다2+3a
녹병	메트코나졸.비펜트린 유제	킹스타	사1+3a
뿌리응애	테부코나졸.디메토에이트 입제	기선제압	사1+1b
	테부코나졸.비펜트린 입제	더블센서,킹스타	사1+3a
	테부코나졸.터부포스 입제	통타	사1+1b
	티플루자마이드.비펜트린 입제	투블럭	다2+3a
	디메틸디설파이드 직접살포액제	팔라딘	미분류(살충제)
잎마름병	황.뷰프로페진 액상수화제	황영웅	카+16
흑색썩음균핵병	메탐소듐 액제	쏘일킹,킬퍼이오	8f
	디메틸디설파이드 직접살포액제	팔라딘	미분류(살충제)
	메트코나졸.비펜트린 유제	킹스타	사1+3a
	메트코나졸.비펜트린 입제	킹스타	사1+3a
	테부코나졸.디메토에이트 입제	기선제압	사1+1b
	테부코나졸.람다사이할로트린 입제	토마호크	사1+3a
	테부코나졸.비펜트린 입제	더블센서	사1+3a
	테부코나졸.터부포스 입제	통타	사1+1b
	헥사코나졸.테플루트린 입제	광야	사1+3a
	티플루자마이드.비펜트린 입제	투블럭	다2+3a

4. 제초제 - 마늘

작물 제부명	병해충	농약품목명	상표명	작용기작
마늘	일년생잡초	글루포시네이트암모늄 액제	바로타,신스타,잡초탄,큐스타,타랑	H10
		디메테나미드-피.펜디메탈린 유제	상지기	H15+H03
		글루포시네이트암모늄 티아페나실 액상수화제	테라도골드,티나골드	H10+H14
		나프로파마이드.옥시플루오르펜 수화제	푸르메	H15+H14
		메타자클로르 액상수화제	바태바태	H15
		리뉴론.티오벤카브 유제	아시매	H05+H15
		리뉴론.펜디메탈린 유제	파트너	H05+H03
		리뉴론 수화제	한사리	H05
		메톨라클로르 유제	바테스타,서두러,전초전	H15
		메톨라클로르 입제	바테스타,서두러,아리올킬,전초전,젠토풀제거	H15
		메톨라클로르.펜디메탈린 유제	듀스	H15+H03
		뷰타클로르 유제	마세트	H15
		뷰타클로르 입제	마세트	H15
		알라클로르 유제	라쏘	H15
		알라클로르 입제	라쏘	H15
		에스-메톨라클로르 유제	둥실,듀알골드	H15
		옥사디아존.펜디메탈린 유제	맨티스,해돋이	H14+H03
		에스-메톨라클로르 입제	미리처	K3
		에탈플루랄린 유제	쏘나란	H03
		옥시플루오르펜 유제	고올,버닝콜,아싸리,풀마크	H14
		펜디메탈린 유제	군계일학,단초,대유펜디,데드라인,바테풀,스톰프,아리펜디,유원펜디,인바이오펜디,케이펜디,펜디스타,푸레싹,풀나지마,피에스펜디	H03
		펜디메탈린 입제	스톰프	H03

4. 제초제 - 마늘

작물 제부명	병해충	농약품목명	상표명	작용기작
마늘	일년생잡초(광엽및화본과)	메타벤즈티아주론 수화제	트리부닐	H05
	일년생잡초(화본과)	세톡시딤 유제	나브	H01
		클레토딤 유제	셀렉트	H01
		페녹사프로프-피-에틸 유제	매드시	H01
		페녹사프로프-피-에틸 유탁제	푸레픽,푸로레	H01
		프로파퀴자포프 유제	아질	H01
		플루아지포프-피-뷰틸 유제	그래스다운,뉴원싸이드, 젠스필드,풀명장	H01
		할록시포프-아르-메틸 유제	슈퍼갤런트	H01
산마늘	일년생잡초(화본과)	플루아지포프-피-뷰틸 유제	뉴원싸이드	H01
마늘밭	일년생잡초	에스-메톨라클로르.티오벤카브 유제	다지기	H15+H15
		펜디메탈린.티오벤카브 입제	달구지	H03+H15
		메톨라클로르.펜디메탈린 입제	듀스	H15+H03
		글루포시네이트암모늄 액제	바스타	H10
		에스-메톨라클로르.티오벤카브 입제	밭대왕	H15+H15
		글루포시네이트-피 액제	자쿠사	H10
		메톨라클로르 유제	젠토풀제거	H15
	일년생잡초(휴간)	글루포시네이트암모늄 액제	골따라	H10
	일년생잡초(화본과)	플루아지포프-피-뷰틸 유제	신싸이드	H01
	일년생 화본과잡초	페녹사프로프-피-에틸 분산성액제	푸레만	H01
마늘밭(휴간)	일년생잡초	플루티아셋메틸. 글루포시네이트암모늄 미탁제	확타	H14+H10

5. 기타농약 - 마늘

작물 제부명	용도	병해충	작용 기작	농약품목명	상표명
마늘	기타	잎마름병 (전착효과)	비대상(전착제)+비대상(전착제)	디옥틸소듐설포석시네이트. 폴리옥시에틸렌알킬에테르 액제	동방아그로 와이드코트
		잎마름병 (전착효과)	비대상 (전착제)	폴리옥시에틸렌메틸 폴리실록세인 액제	마꾸삐까
		잎마름병 (전착효과)	비대상 (전착제)	폴리에테르폴리실록세인 액제	발라
		잎마름병 (전착효과-고착)	-	파라핀 유탁제	케어스
마늘(대서)	생장 조정제	구근비대	비대상 (생장조정제)	프로헥사디온칼슘 액상수화제	비비풀
산마늘	살균	무름병	가4	옥솔린산 수화제	다이너스티,명인탄,무름반점뚝,신받드,아리일꾼,옥시로,일기당천,일품,콜라보,큐어균,크린킹,킬러펜서,태왕,테라신,폴카
		잿빛곰팡이병	사3	펜피라자민 액상수화제	보트리사이드
			다2	펜티오피라드 유제	크린캡
			다3	피라클로스트로빈 액상수화제	프로키온
		흰비단병	사1	테부코나졸 액상수화제	실바코플러스,타비야,파스칼
			마2	플루디옥소닐 액상수화제	그린플루닐,깔사미,뜨래조아,사파이어,샤이나,암무트,애니팡,앤티팡,에코탄,엘도라도,잿비세,젠토해드림골드,청풍명월,쿠페,효자촌
산마늘 (명이나물)	살균	잎마름병	사1	메트코나졸 액상수화제	디렉터,말리부,살림꾼,올샷
			다3	트리플록시스트로빈 액상수화제	균펀치,로열티,새도우,스팅,탄자비상,트랜디,프린트,해모루
			다3	피리벤카브 액상수화제	선두주자
		잿빛곰팡이병	다2	플룩사피록사드 액상수화제	카디스
산마늘잎 (명이나물)	살균	잎마름병	다3	피라클로스트로빈 액상수화제	프로키온
산마늘	살충	파잎벌레	3a	델타메트린 유제	데스플러스,데시스,선문델타린,신농팜델타린,업로드,오지다,유원델타린,장원,케오왕
			28	클로란트라닐리프롤 입상수화제	알타코아
산마늘 (명이나물)	살충	미국선녀벌레	3a	델타메트린 유제	데스플러스,데시스,델타시스,선문델타린,신농팜델타린,업로드,오지다,유원델타린,장원,케오왕

5. 기타농약 - 마늘

작물 제부명	용도	병해충	작용 기작	농약품목명	상표명
산마늘(명이나물)	살충	미국선녀벌레	4c	설폭사플로르 액상수화제	트랜스폼
			4a	아세타미프리드 수화제	모스피란,샤프킬,어택트,젠토스타,충감독
			6	에마멕틴벤조에이트 유제	네이팜,동작그만,말라타,맥스팜,메가트론,메가히트,메카,모스파워,불카누스,브리핑,쓸이충,아리팜,에마킹,에마팜,에이팜,에이팜썬더,에코골드,워록,이투킬,제트팜,충펀치,카이노바,코난,킹팜골드,트라제
			9b	피리플루퀴나존 액상수화제	팡파레에스
		파총채벌레	3a	델타메트린 유제	데스플러스,데시스,델타시스,선문델타린,신농팜델타린,업로드,오지다,유원델타린,장원,케오왕
			6	아바멕틴 유제	겔럭시,도니온,돌보미,레딧고,로멕틴,마니팜,무브먼트,버클리,버티맥,빅캐넌,선문이응애충,슈퍼캐치,쏘렌토,아라베스크,아바멕킬,아바킹,안티멕,에코멕틴,영농스타,온족족,올스타,응애특급,이글원,이텍스,줌마샷,충다이,충업세,큐멕틴,타마스,프라도,현농솔루션
			4a	아세타미프리드 수화제	모스피란,샤프킬,어택트,젠토스타,충감독
			6	에마멕틴벤조에이트 유제	네이팜,동작그만,말라타,맥스팜,메가트론,메가히트,메카,모스파워,불카누스,브리핑,쓸이충,아리팜,에마킹,에마팜,에이팜,에이팜썬더,에코골드,워록,이투킬,제트팜,충펀치,카이노바,코난,킹팜골드,트라제
산마늘잎(명이나물)	살충	파잎벌레	3a	델타메트린 유제	델타시스

* 농림축산식품부, 농촌진흥청 PLS(농약허용물질관리제도)첨부

부록

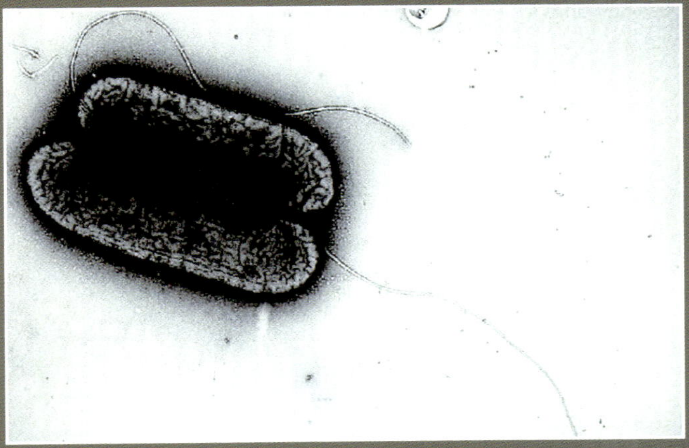
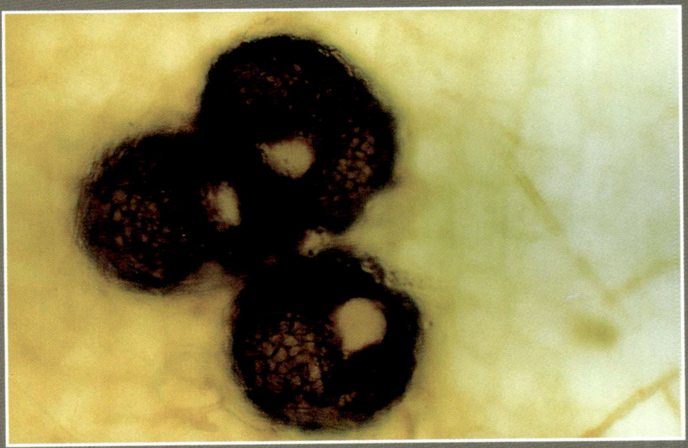
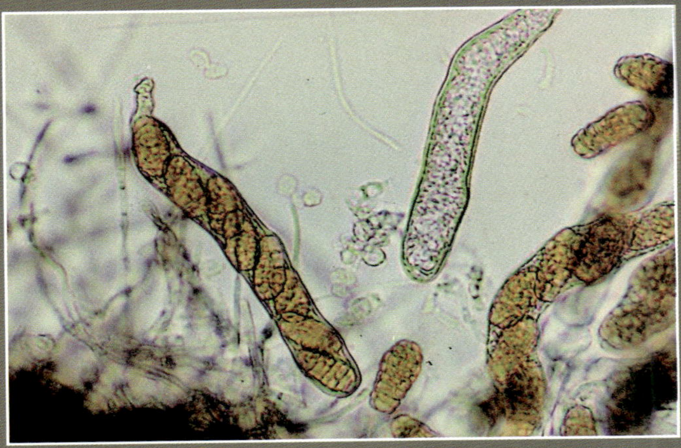
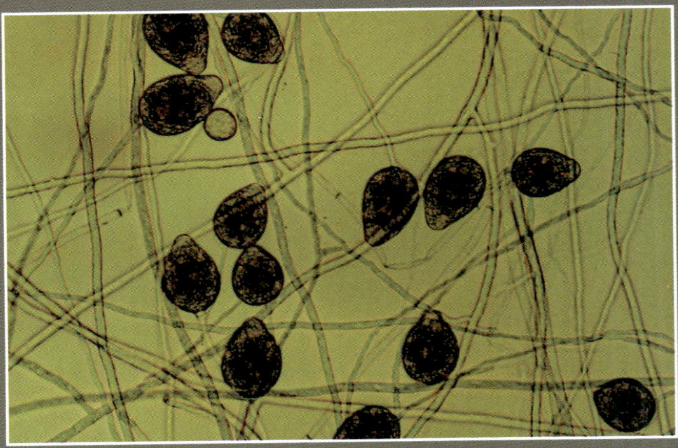

식물병원체

1. 바이러스의 분류
2. 세균의 분류
3. 진균 및 기타 균류의 분류

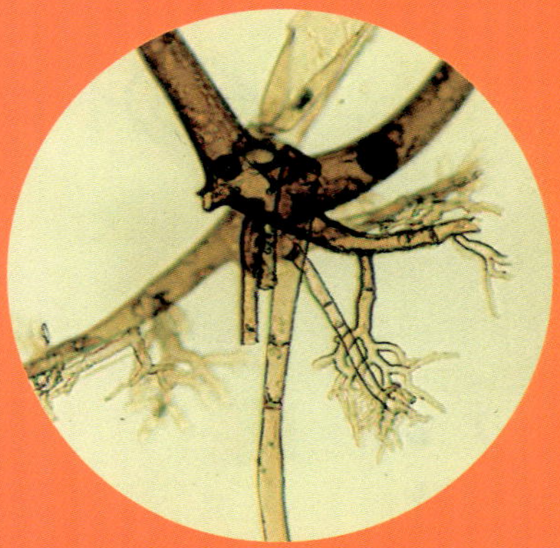

식물병원체의 분류

Ⅰ. 바이러스 분류

초기의 식물바이러스 분류는 분리기주, 기주반응 및 전염양식을 대상으로 하였는데, 1950년~1960년대에 수백종의 바이러스들이 분류 보고되면서 식물바이러스에 대한 분류체계의 필요성을 인식하게 되었다. 이에 보다 정확한 분류와 동정을 하기 위해서는 바이러스의 외피단백질, 핵산의 염기서열 및 핵산교잡(hybridization) 등을 이용한 분자생물학적 방법이 사용되고 있다. ICTV(The International Committee on Taxonomy of Viruses)는 1998년에 그 때까지 보고된 총 987종의 식물바이러스를 게놈의 종류에 따라 DNA 바이러스와 RNA 바이러스로 나누었으며, 또한 게놈의 가닥에 따라 외가닥(ss)과 겹가닥(ds)으로 구분하여 Group Ⅰ~ Ⅶ까지 7종으로 구분하였다. 그 중 ssDNA 바이러스 Group Ⅱ는 4종의 속(genera), dsRNA인 Group Ⅲ을 6종의 속으로 분류하였으며, 거의 대부분을 차지하는 positive(+) ssRNA는 7과(family) 47속으로, negative(-) ssRNA는 6종의 속으로, Group Ⅶ에 속하는 RNA역전사를 갖는 dsDNA 바이러스는 2종의 속으로 분류하였다

그림1. 식물바이러스의 분류 (ICTV. 1998)

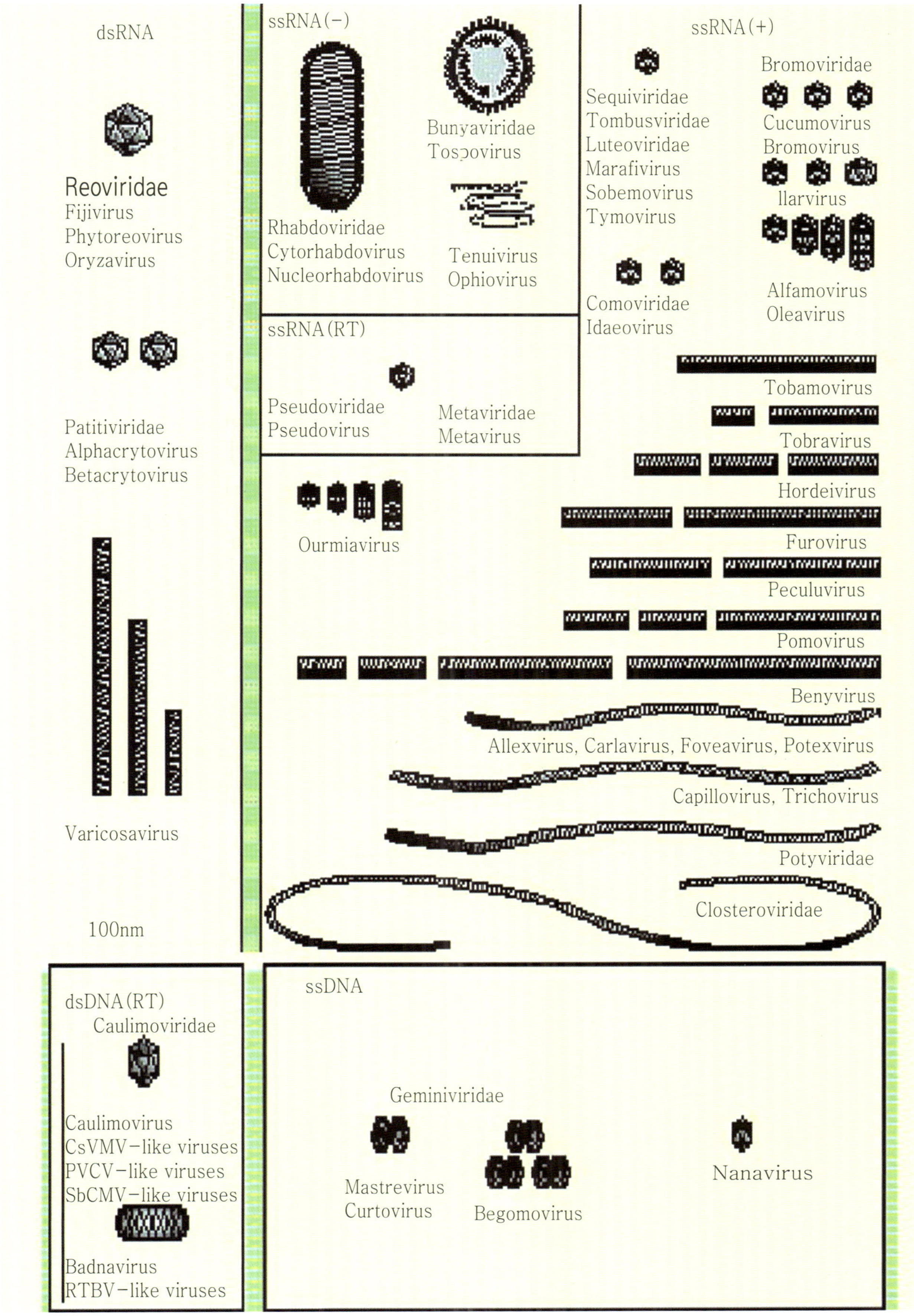

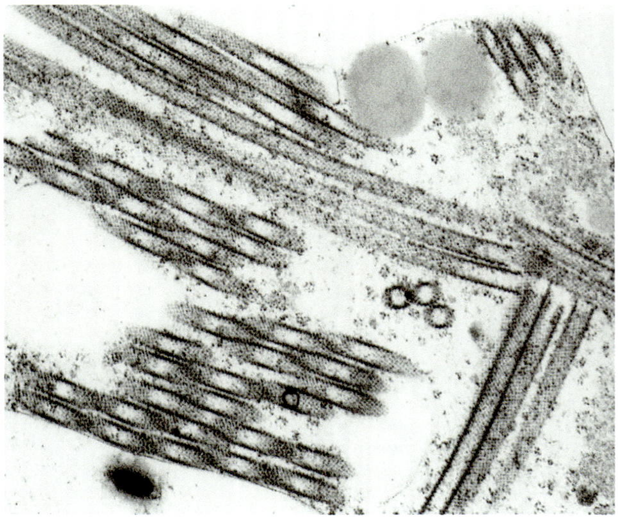
Broad bean wilt virus (감염조직)

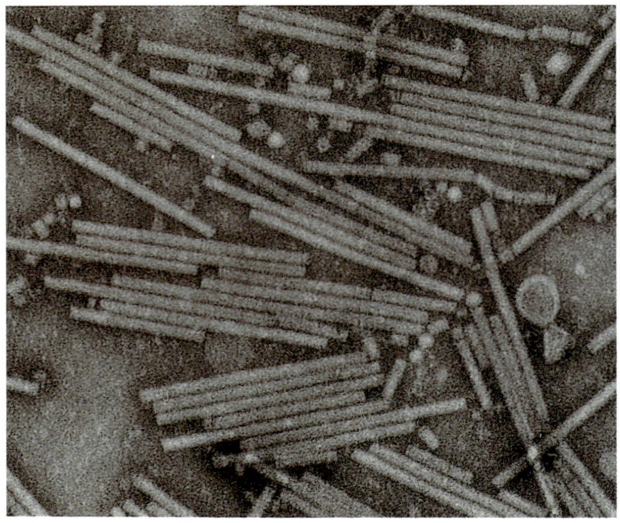
Cucumber green mottle mosaic virus(입자)

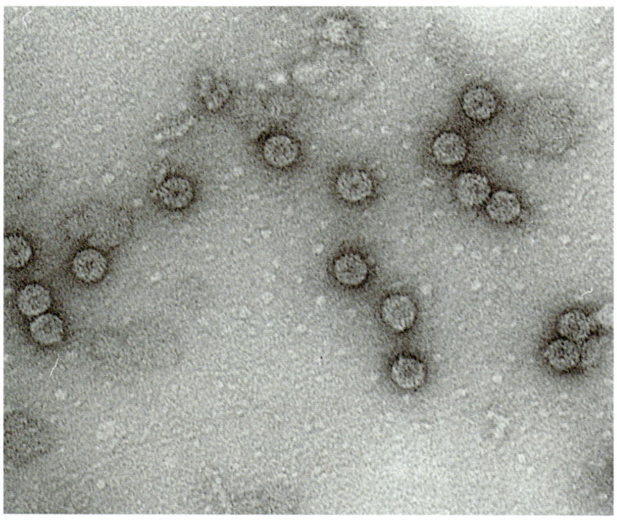
Cucumber mosaic virus (입자)

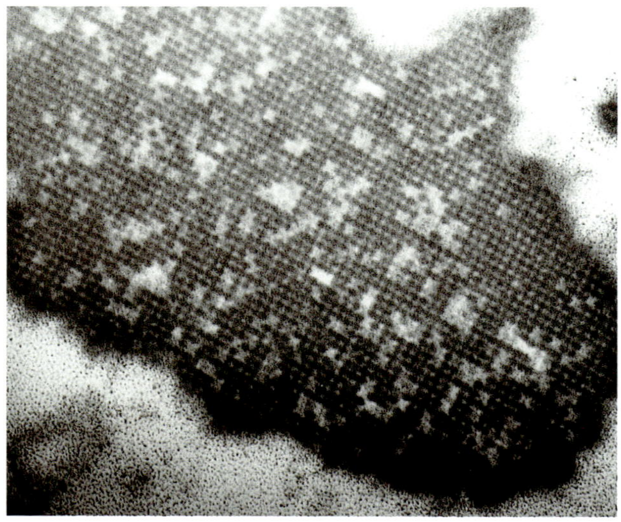
Cucumber mosaic virus-N (감염조직내 바이러스 입자)

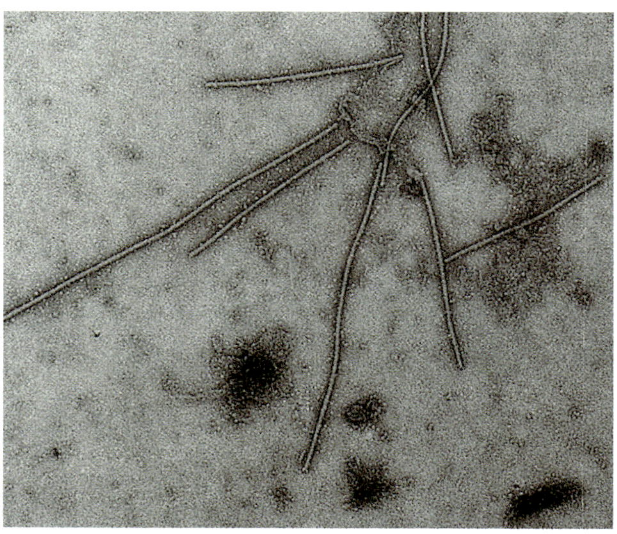
Garlic mosaic virus (입자)

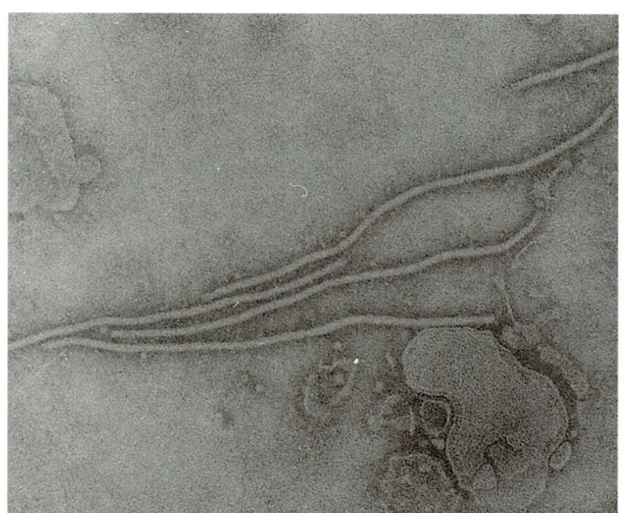
Lettuce mosaic virus (입자)

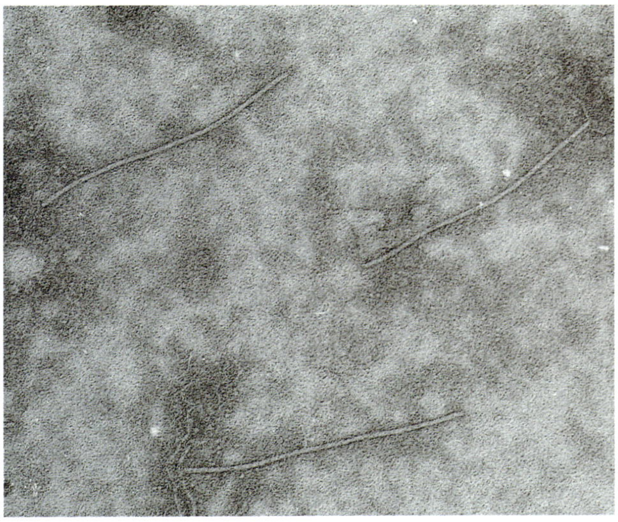

Onion yellow dwarf virus (입자)

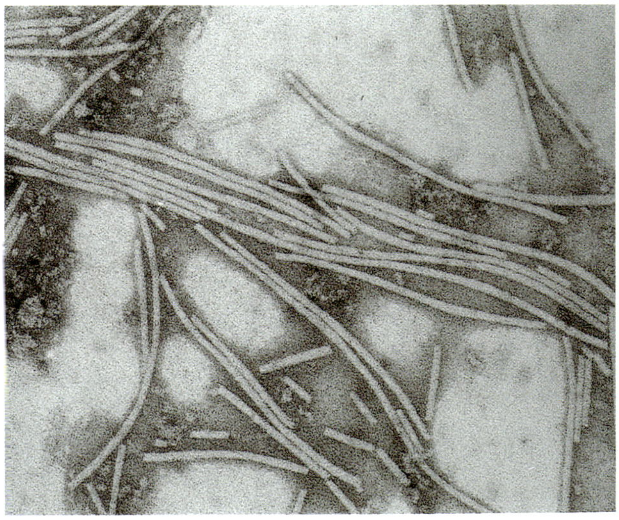

Potato virus Y (입자)

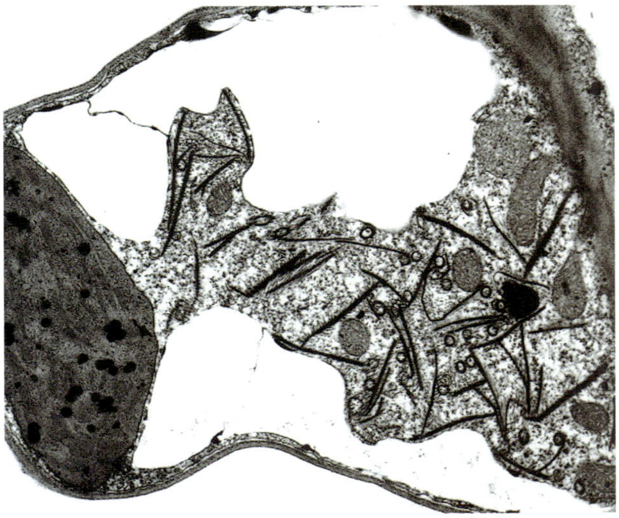

Radish vein clearing virus (감염조직)

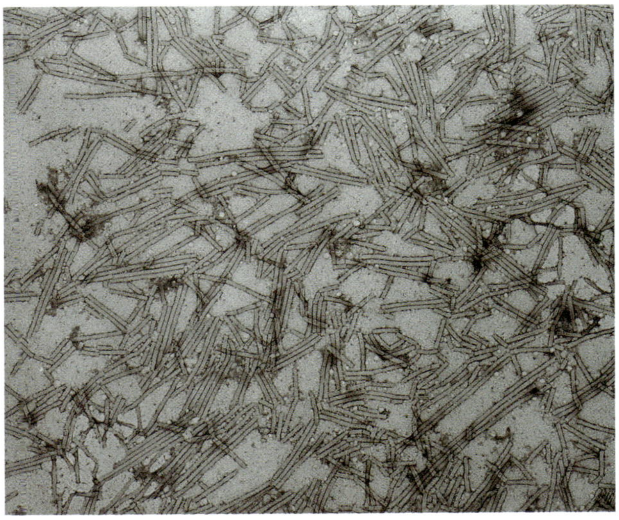

Radish mosaic virus (입자)

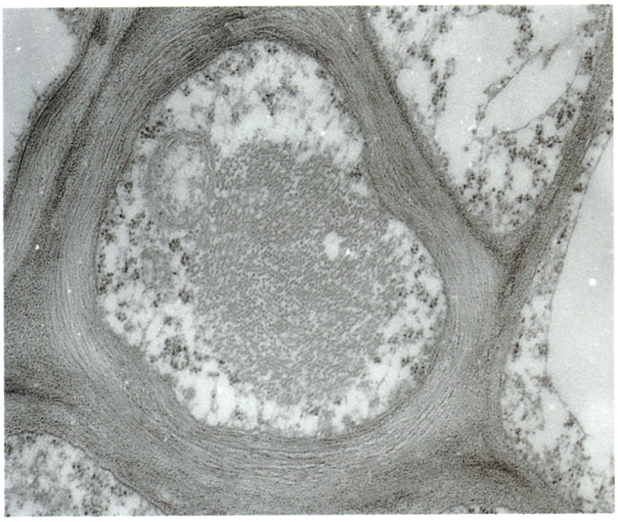

Strawberry mottle virus (감염조직)

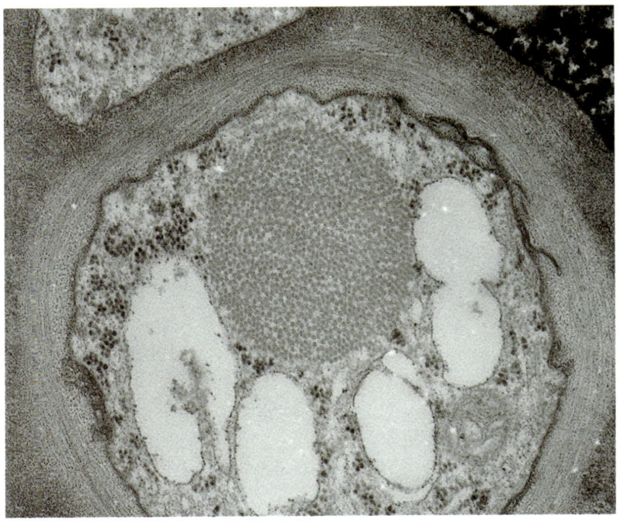

Strawberry mild yellow edge virus (감염조직)

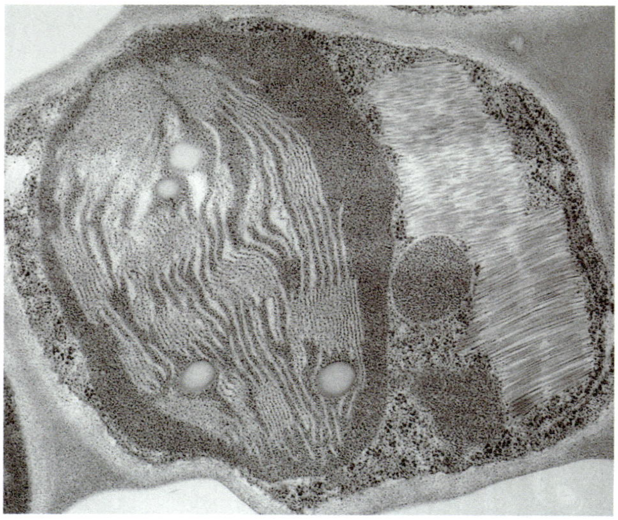

Tobacco mosaic virus (감염조직)

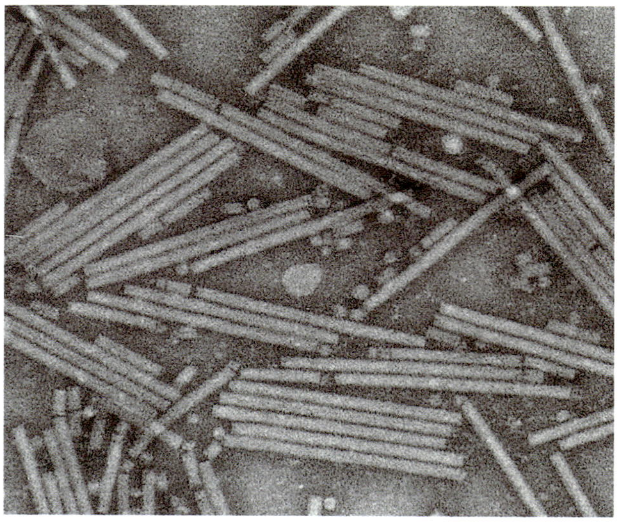

Tomato mosaic virus (입자)

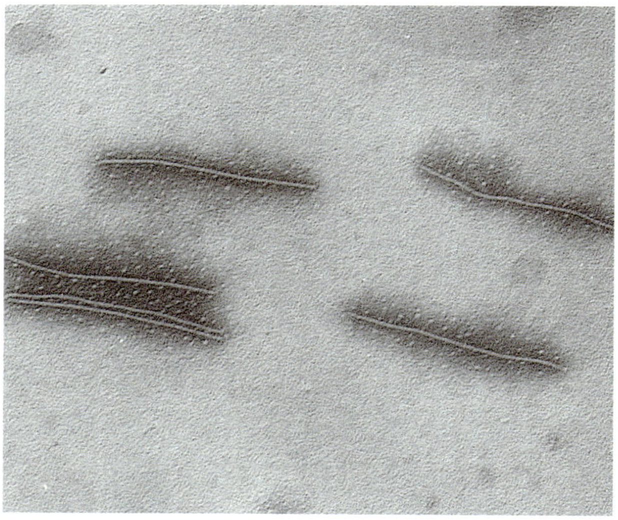

Turnip mosaic virus (입자)

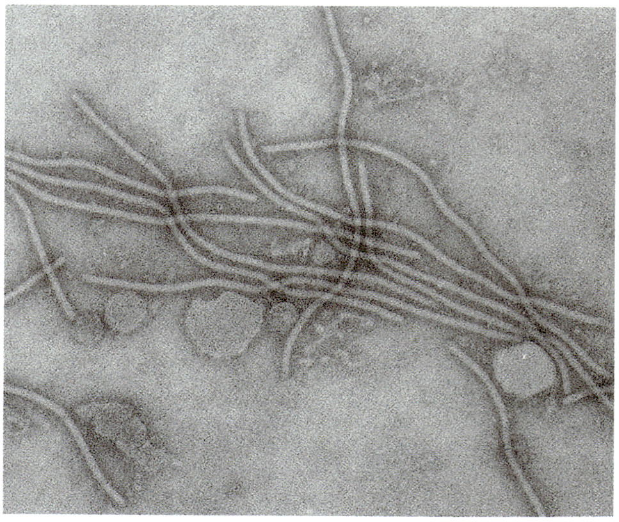

Watermelon mosaic virus (입자)

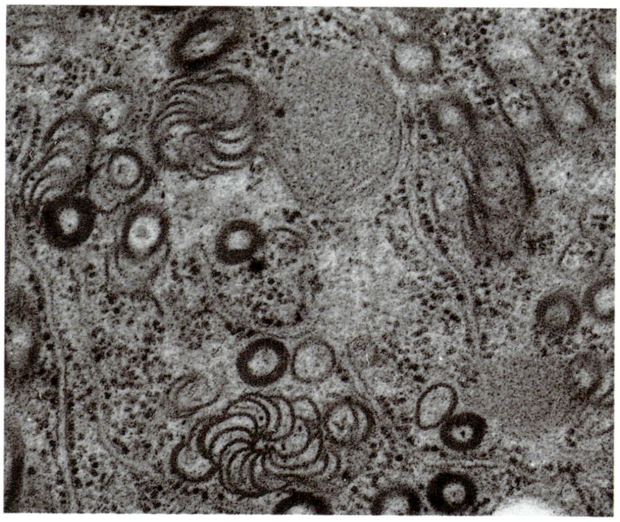

Zucchini yellow mosaic virus (감염조직)

Ⅱ. 세균의 분류

1996년 국제식물병리학회 산하 식물 병원세균 분류 소위원회는 식물에 병을 일으키는 세균으로 120여 종, 340여 병원형(pathovar)이 존재한다고 보고하였다. 1998년에 발간된 한국식물병명 목록에는 국내에 32종, 52병원형의 식물 병원세균이 기록되어 있다. 최근에 식물 병원세균의 새로운 학명이 계속 발표되고 있으며, 집필자에 따라 사용하는 학명이 달라 혼동되는 경우가 많다. 새로운 학명 및 새로운 분류를 제안하게 된 것은 새로운 속과 종이 발견되고, 분류수단의 발달로 분류의 기준에 대한 견해가 변화되었기 때문이다. 현대의 세균 분류는 수많은 종류의 표현형질, 유전형질, 계통분류학적인 정보를 종합하여 분류하는 다상분류(polyphasic taxonomy)로 발전하고 있으며, 유전형질의 정보는 세포에 존재하는 핵산으로부터 얻는 반면, 표현형질의 정보는 단백질, 화학분류의 지표, 그 외 표현되는 특징으로부터 얻어진다. 현재까지 정립된 식물 병원세균의 분류체계 및 각 분류군별 해당되는 속명은 다음과 같다.

Kingdom Procaryote(원핵생물계)

Division Gracilicutes : 균체의 외피는 외막, 세포벽, 세포막으로 구성되어 있으며, 내생포자를 형성하지 않는다.

Class Proteobacteria : rRNA의 상동성에 기초를 두어 만들어진 강으로 알파, 베타, 감마군으로 나뉘어지며, 그램음성이다.

Alpha subclass

Family Rhizobiaceae

Genus *Agrobacterium*

Family 미정

Genus *Rhizomonas, Rhizobacter*

Beta subclass

Family Comamonadaceae

Genus *Acidovorax, Burkholderia, Ralstonia, Xylophilus*

Family 미정

Genus *Herbaspirillum*

Gamma subclass

Order Spirichaetales

Family Pseudomonadaceae

Genus *Pseudomonas, Xanthomonas*

Family Enterobacteriaceae

Genus *Erwinia, Pectobacterium, Pantoea, Brenneria*

Order 및 Family 미정

Genus *Xylella*, Rickettsia like bacteria

세균

Division Firmicutes : 외막이 없고, 세포벽은 두꺼운 펩티드글루칸으로 되어 있으며, 그램양성이다. 내생포자를 형성하는 것과 형성하지 않는 것이 있다.

Class Firmibacteria : 내생포자를 형성한다.

Order 및 Family 미정

Genus *Bacillus, Clostridium*

Class Thallobacteria : 내생포자를 형성하지 않는다.

Order 및 Family 미정

Genus *Arthrobacter, Clavibacter, Curtobacterium, Rathayibacter*

Family Norcardiaceae

Genus *Rhodococcus*

Family Streptomycetaceae

Genus *Streptomyces*

Division Tenericutes : 외막과 세포벽이 없고, 세포막은 외부와 접하고 있으며, 모양과 크기에 변화가 많다.

Class Molicutes

Order Mycoplasmatales

Family Spiroplasmataceae

Genus *Spiroplasma*

Order 및 Family 미정

Genus *Phytoplasma*

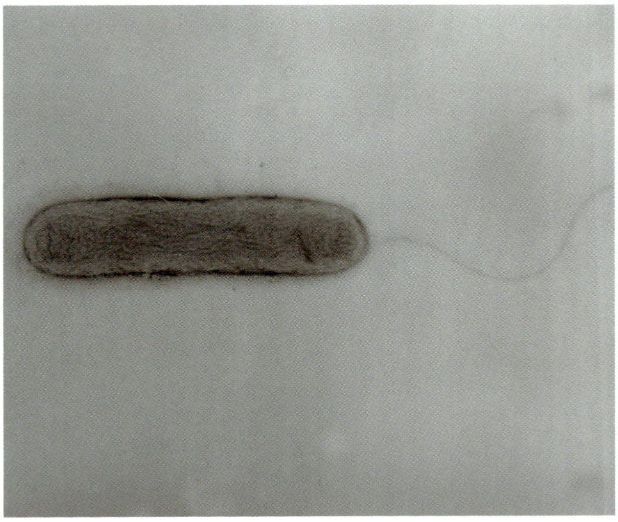

Acidovorax avenae subsp. citrulli

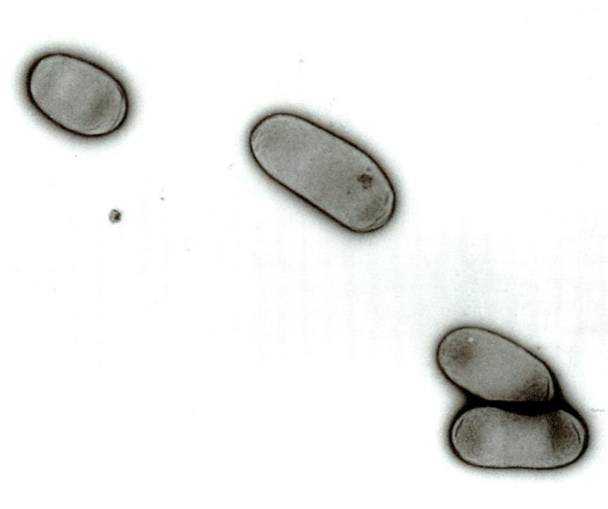

Clavibacter michiganensis subsp. *michiganensis*

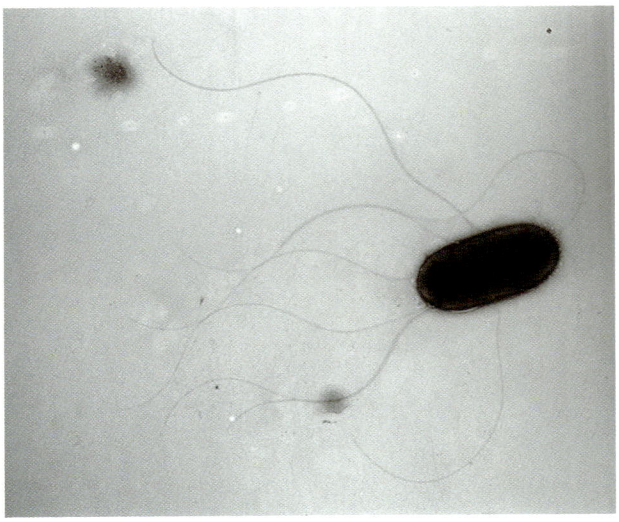

Erwinia carotovora subsp. *carotovora*

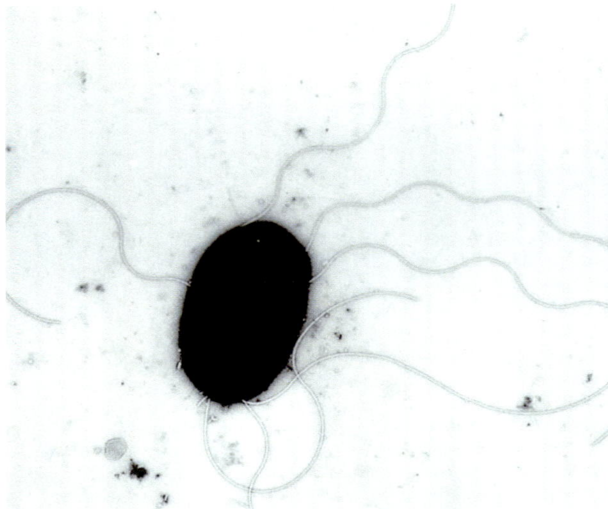

Erwinia tracheiphila

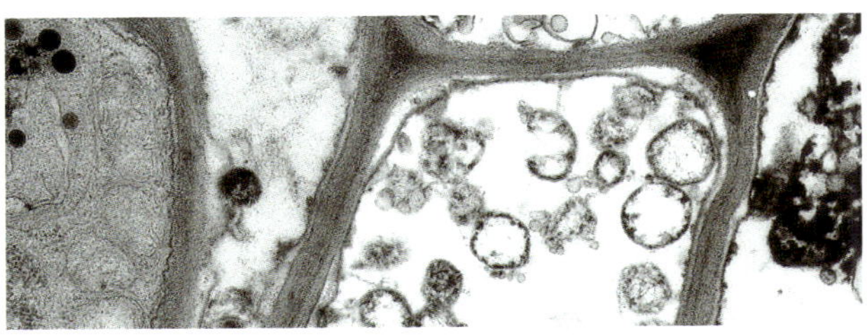

Phytoplasma sp.

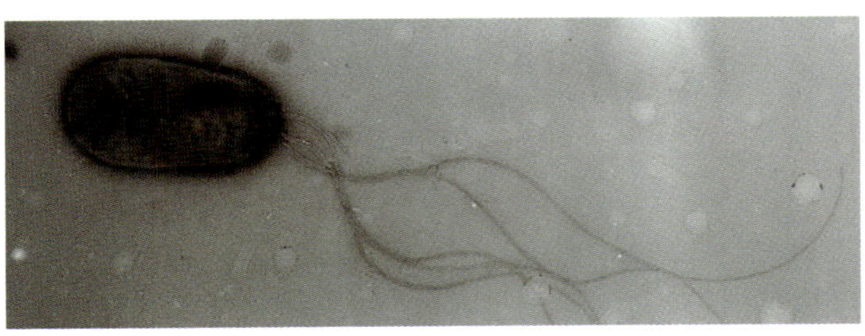

Pseudomonas corrugata

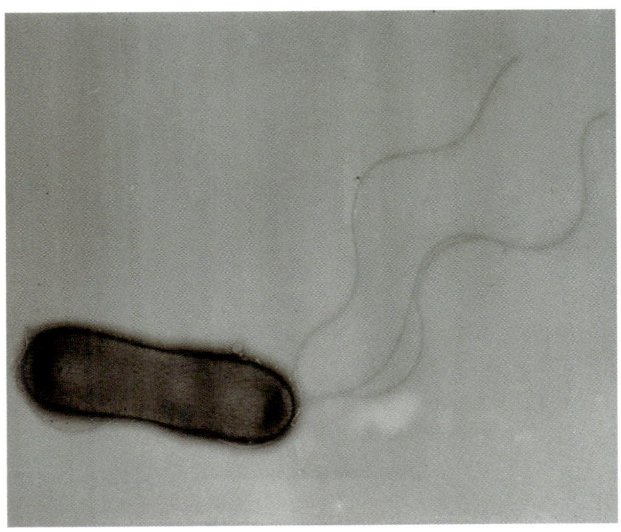

Pseudomonas marginalis

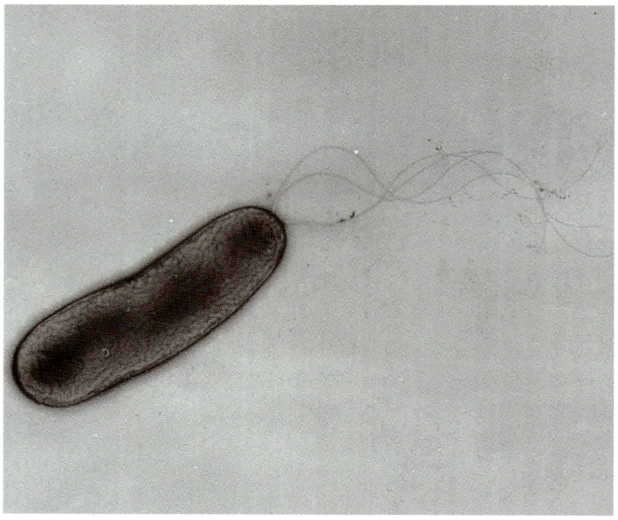

Pseudomonas syringae pv. *lachrymans*

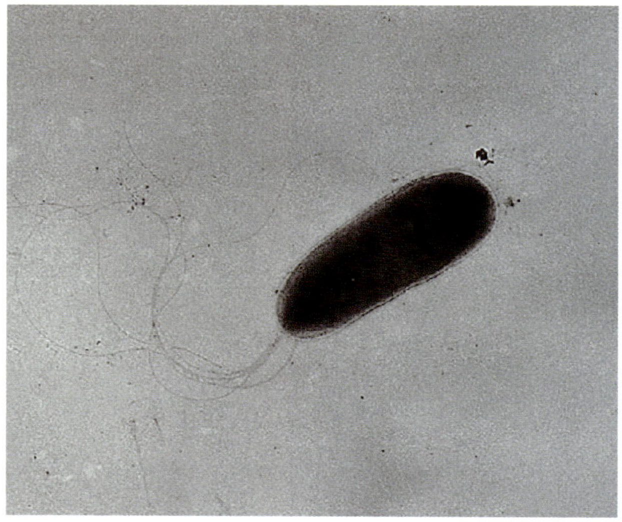

Pseudomonas syringae pv. *maculicola*

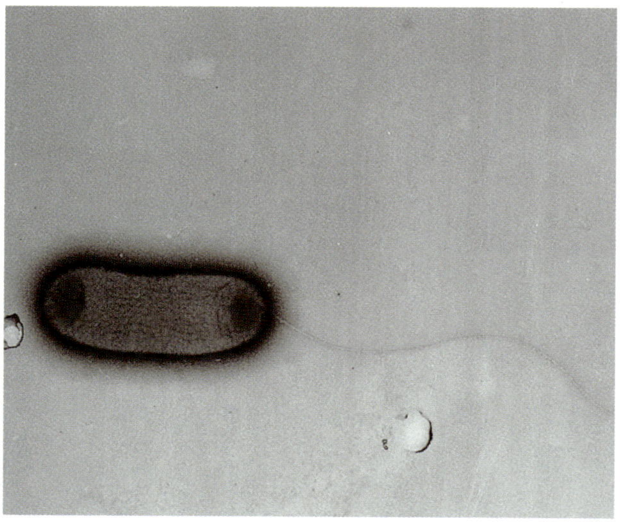

Pseudomonas viridiflava

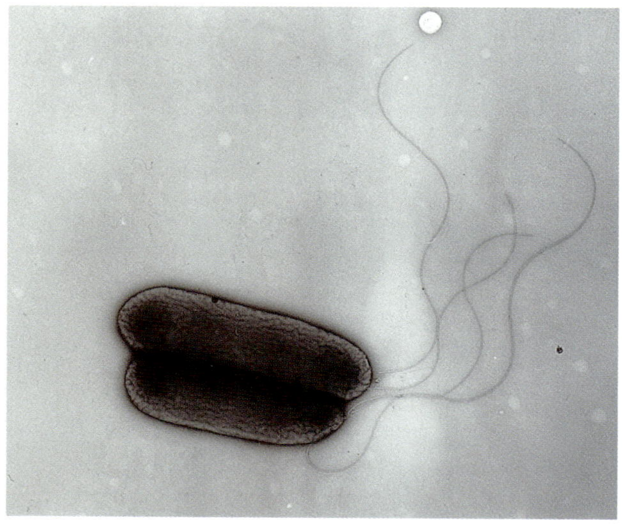

Ralstonia solanacearum

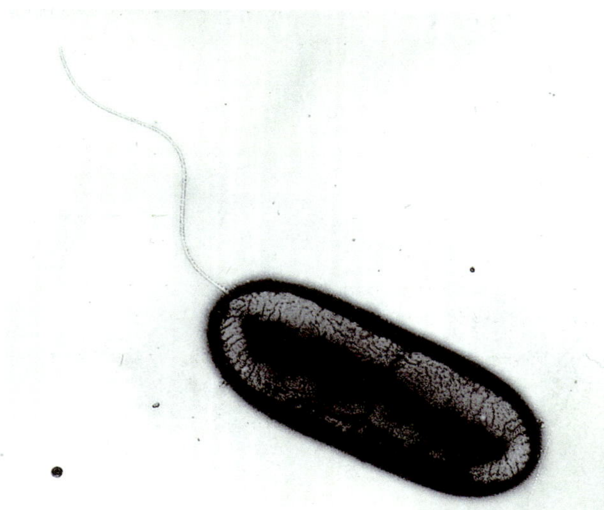

Xanthomonas campestris pv. *campestris*

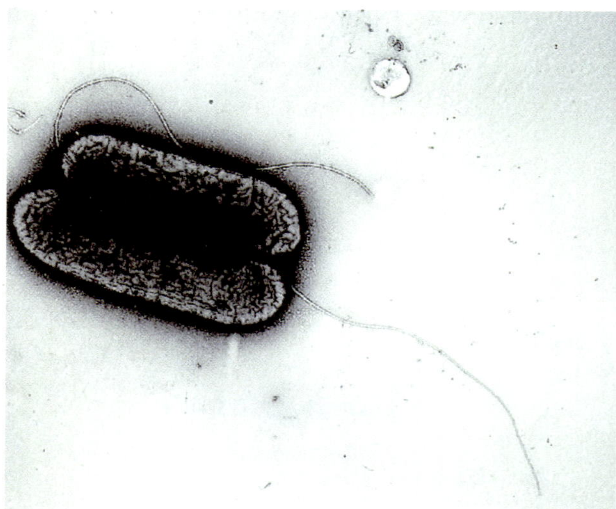

Xanthomonas campestris pv. *vesicatoria*

Ⅲ. 진균 및 기타 균류의 분류

현재까지 세계적으로 7만여 종의 균류가 보고되어 있으며, 그간 균류의 분류지침으로서 널리 채택되어 온 Ainsworth 등(1973)의 분류체계가 개정되어 최근 분자생물학적 계통분류 연구의 결과에 기초하여 정리된 Hawksworth 등(1995)의 분류체계가 널리 받아들여지고 있다. 새로 개정된 균류의 분류체계에서는 원생동물계(Kingdom Protozoa)에 4개의 문(Division), 크로미스타겨 (KingdomChromista)에 3개의 문, 그리고 진균계(Kingdom Fungi)에 4개의 문이 각각 소속되어 있다. 각 분류군의 특성 및 검색사항은 다음과 같으며, 각 분류군에 속하는 종의 수 및 분류군별 주요 발병 특성은 표 1에 나타나 있다.

표1. 세계적으로 보고된 균류의 종류 및 각 분류군에 속하는 식물 병원성 균류에 의한 주요 식물병

계	문 및 강	종수	주요 식물병
원생동물 (Protozoa)	Acrasiomycota	12	-
	Dictyosteliomycota	46	-
	Myxomycota	719	-
	Myxomycetes	690	각종점균병
	Protosteliomycetes	29	-
	Plasmodiophoromycota	45	뿌리혹병,가루더뎅이병 등
크로미스타 (Chromista)	Hyphochytriomycota	24	-
	Labyrinthulomycota	42	-
	Oomycota	694	잘록병,썩음병,노균병, 역병 등
진균 (Fungi)	Ascomycota	32,267	각종 병해
	Basidiomycota	22,244	-
	Basidiomycetes	13,857	각종 병해
	Teliomycetes	7,134	녹병 등
	Ustomycetes	1,064	깜부기병 등
	Chytridiomycota	793	잘록병, 혹병
	Zygomycota	1,056	-
	Trichomycetes	189	-
	Zygomycetes	867	무름병, 털곰팡이병 등
	Mitosporic fungi	14,104	각종 병해

1	포식영양상이 존재한다.	원생동물계(Kingdom Protozoa) 2
	포식영양상이 존재하지 않는다.	5
2	(1)포식영양상이 세포외적이다.	3
	포식영양상이 세포내적이다.	뿌리혹균문(Plasmodiophoromycota)
3	(2) 동화작용상이 부생적 변형체이다.	점균문(Myxomycota)
	동화작용상이 자유생활 점액아메바로서 생식 전에 위 변형체로서 융합한다.	4
4	(3) 열편상의 위족을 가진 점액아메바와 중앙에 위치한 핵소체를 가진 핵이 있다.	아크라시오균문(Acrasiomycota)
	주로 실 모양의 위족을 가진 점액아메바와 두 개 혹은 그 이상의 외곽 핵소체를 가진 핵이 있으며, 위변형체 형성시 한데 모이는 흐름을 형성하므로서 집합한다.	딕티오스텔리오 (Dictyosteliomycota)
5	(4) mastigoneme이 있는 편모를 가지고, 운동성이 있으며, 세포벽은 일반적으로 셀룰로오스로 구성되어 있다.	크로미스타계 (Kingdom Chromista)6
	mastigoneme이 없는 편모를 가지고, 운동성이 있으며, 포벽은 카이틴으로 구성되어 있다.	진균계(Kingdom Fungi) 8
6	(5) 영양상은 세포 활주운동이 있는 외질의 망상조직위 혹은 그 내부에 있다.	라비린쓰로균문 (Labyrinthulomycota)
	영양상은 외질의 망상조직위에 있지 않고, 활주운동 세포는 없다.	7
7	(6) 유주자에는 한 개의 전방편모가 있다.	하이포키트리오균문 (Hyphochytriomycota)
	유주자에는 두 개의 편모가 있다.	난균문(Oomycota)
8	(7) 운동성인 유주자가 존재한다.	호상균문(Chytridiomycota)
	운동성인 유주자가 존재하지 않는다.	9
9	(8) 유사분열포자가 내부발생적으로 포자낭 안에서 형성되고 (혹은 포자낭으로부터 무성번식체 유도), 균사접합에 의해 접합포자가 형성된다.	접합균문(Zygomycota)
	유사분열포자(분생포자)가 외부발생적이다.	10
10	(9) 감수분열포자가 내부발생적으로 자낭 안에서 형성된다.	자낭균문 (Ascomycota)
	감수분열포자가 외부발생적으로 담자기(혹은 동등한 구조) 위에서 형성된다.	담자균문(Basidiomycota)

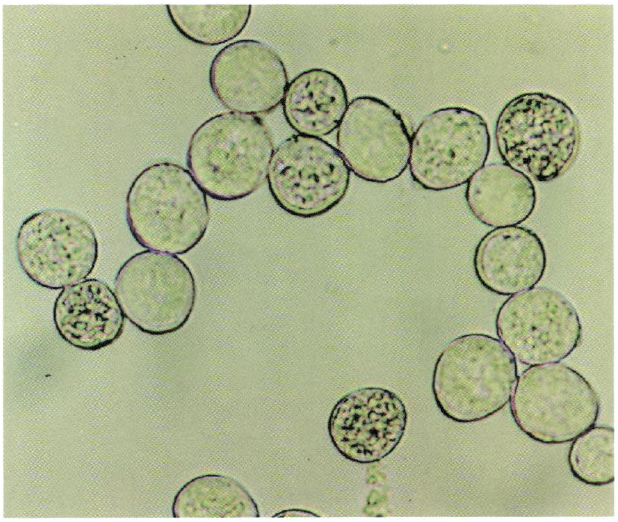

Albugo candida (포자낭)

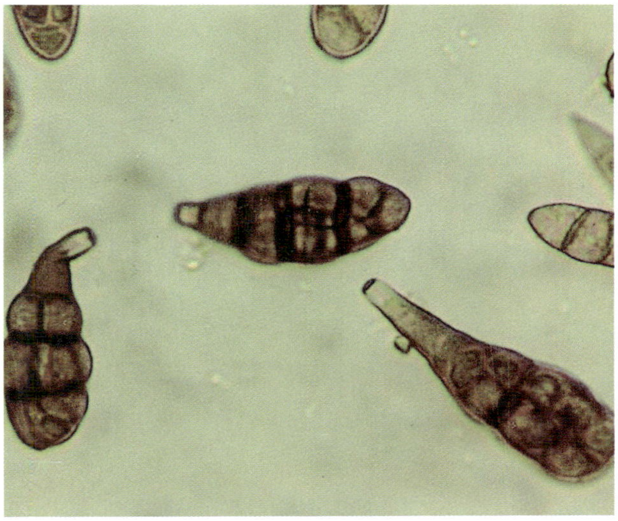

Alternaria alternata (분생포자)

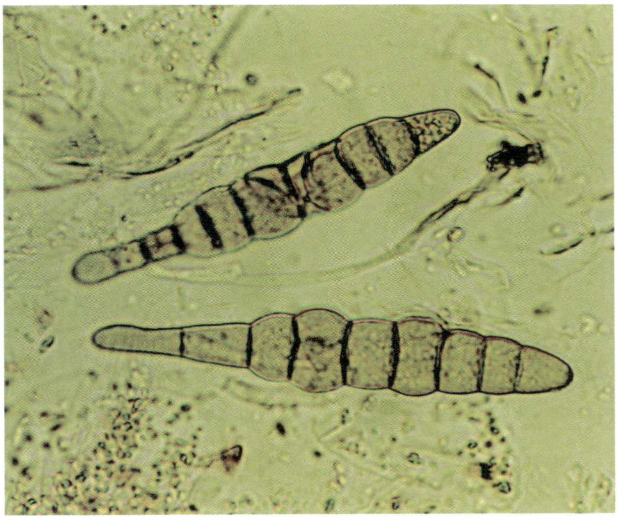

Alternaria brassicae (분생포자)

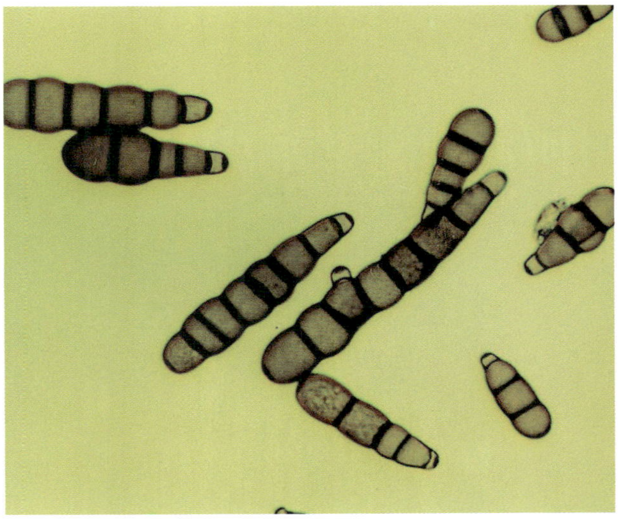

Alternaria brassicicola (분생포자)

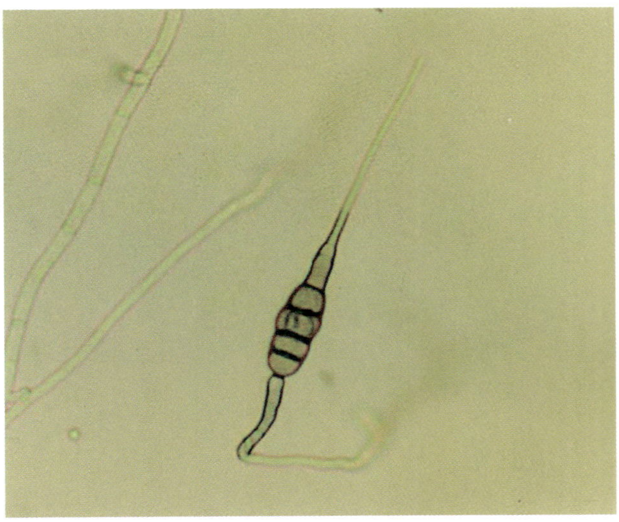

Alternaria cucumerina
(분생자경 및 분생포자)

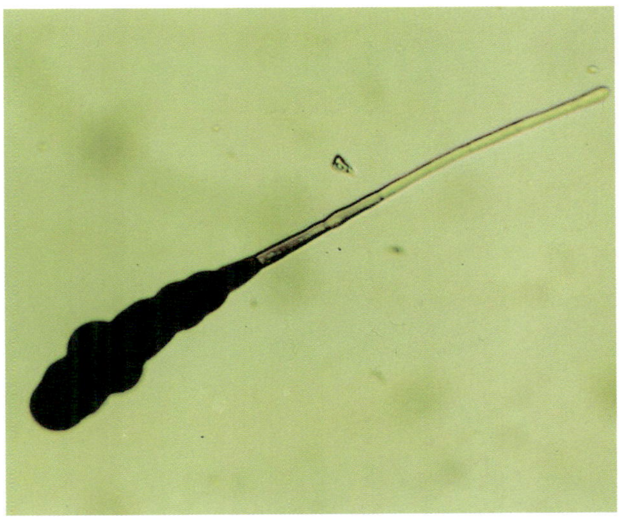

Alternaria dauci (분생포자)

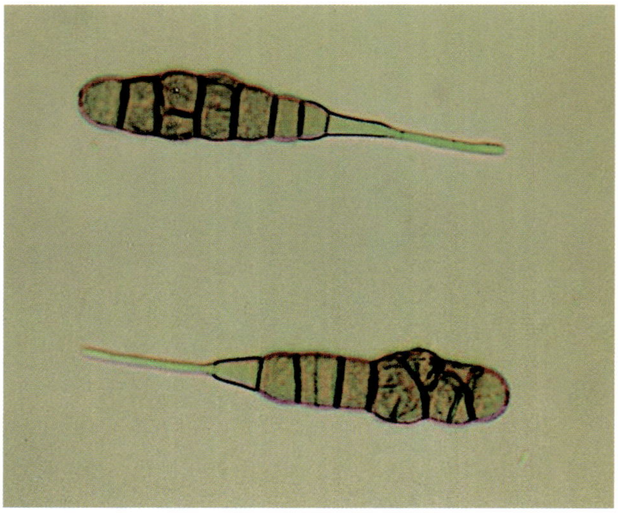

Alternaria porri (분생포자)

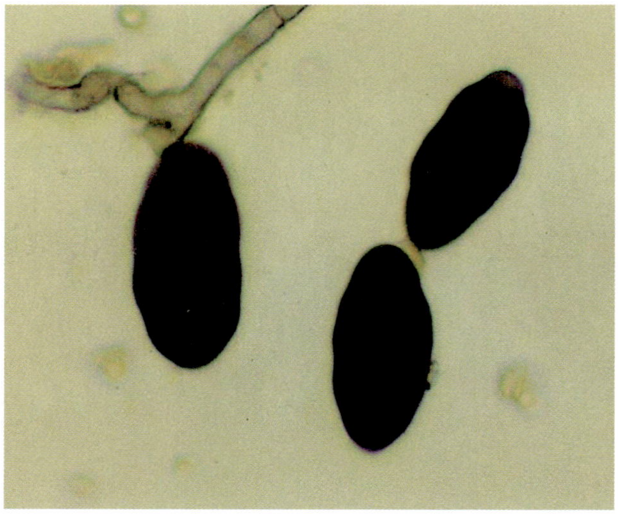

Alternaria radicina
(분생자경 및 분생포자)

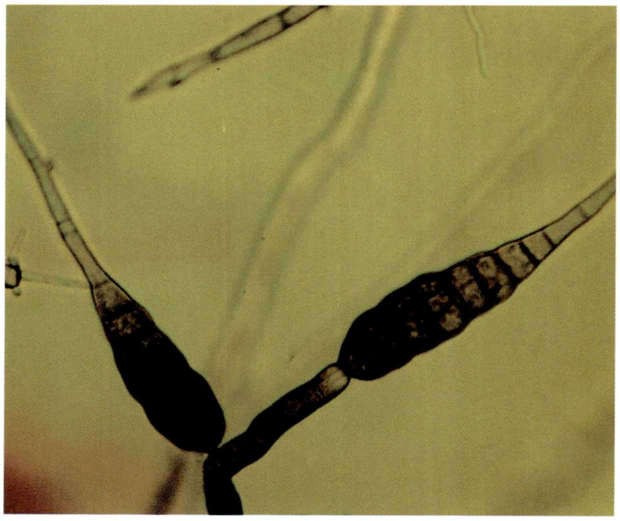

Alternaria solani
(분생자경 및 분생포자)

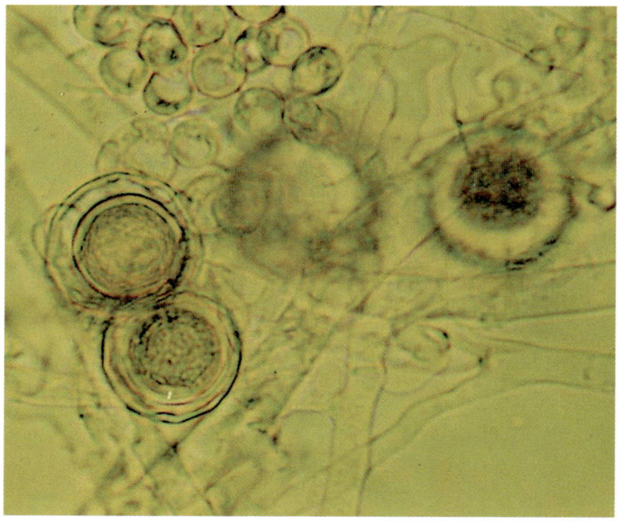

Aphanomyces raphani
(균사, 유주자 및 난포자)

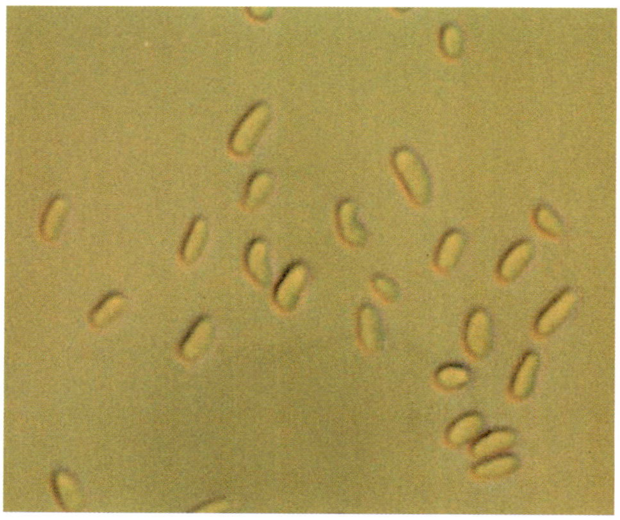

Ascochyta cucumis (분생포자)

Botrytis allii (분생자경 및 분생포자)

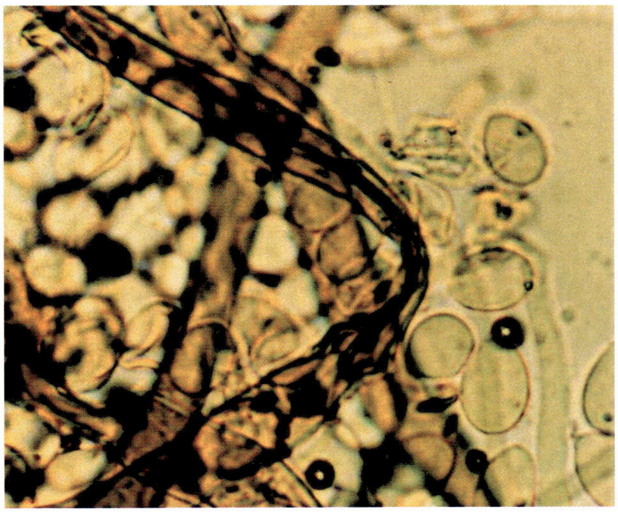

Bortytis byssoidea
(균사 및 분생포자)

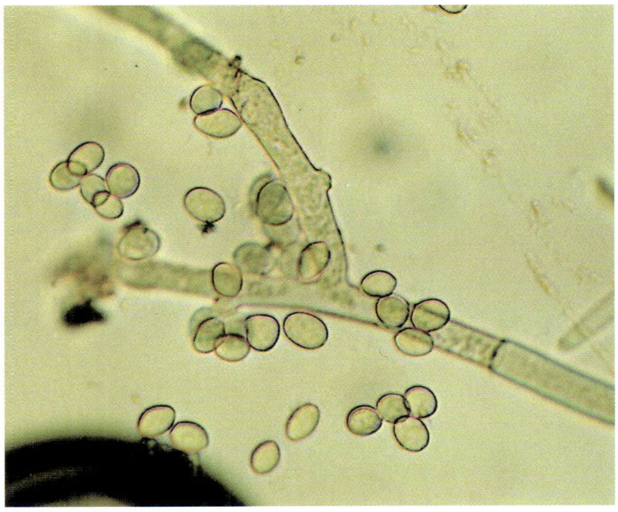

Botrytis cinerea
(분생자경 및 분생포자)

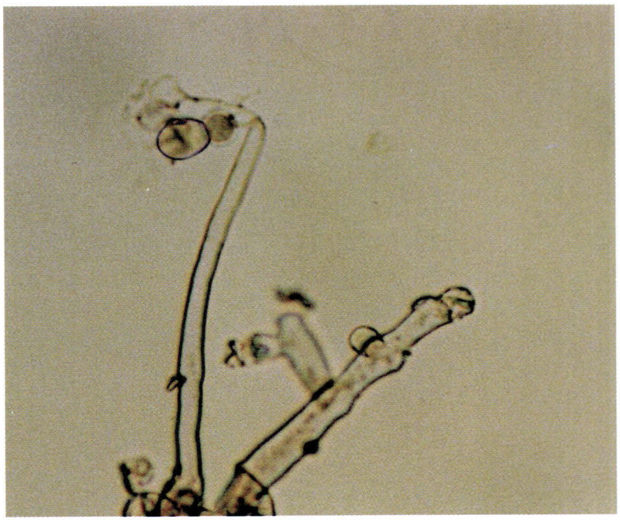

Botrytis squamosa
(분생자경 및 분생포자)

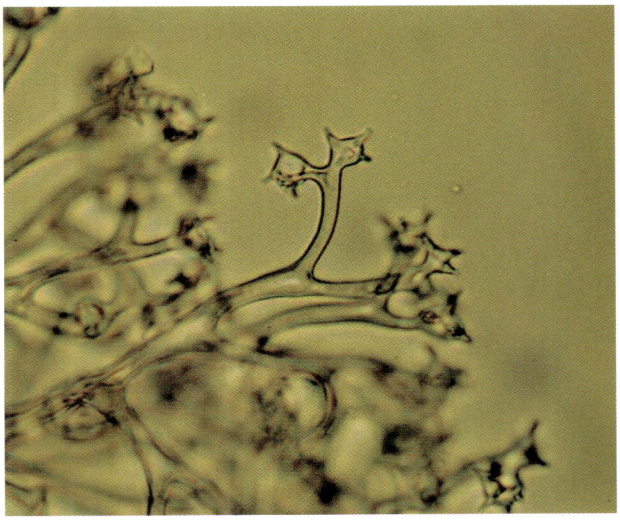

Bremia lactucae
(포자낭병 및 포자낭)

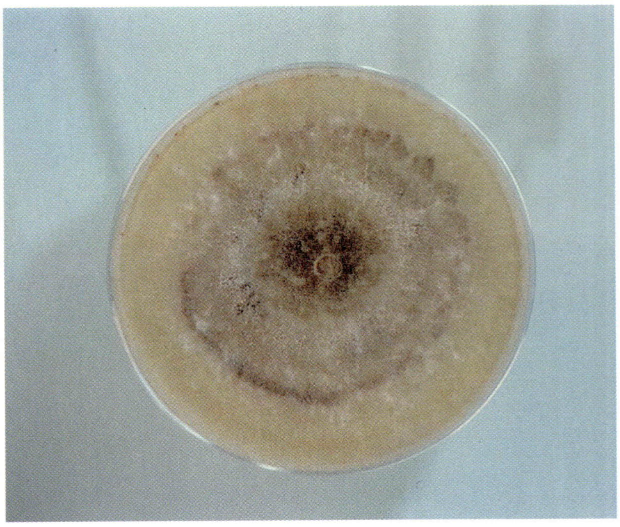

Ceratobasidium setariae(배양균총)

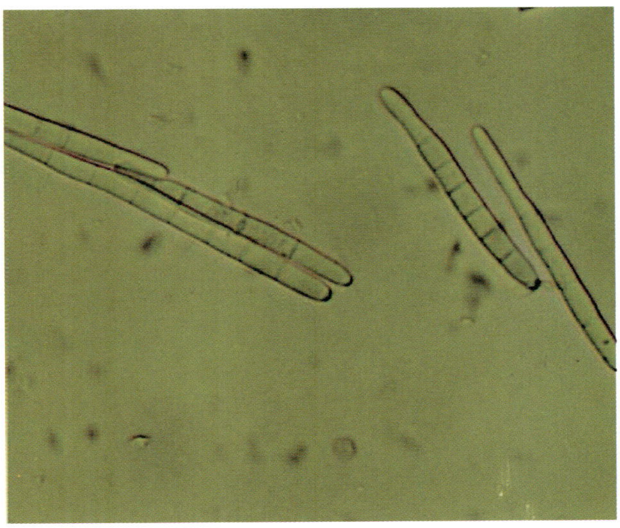

Cercospora apii (분생포자)

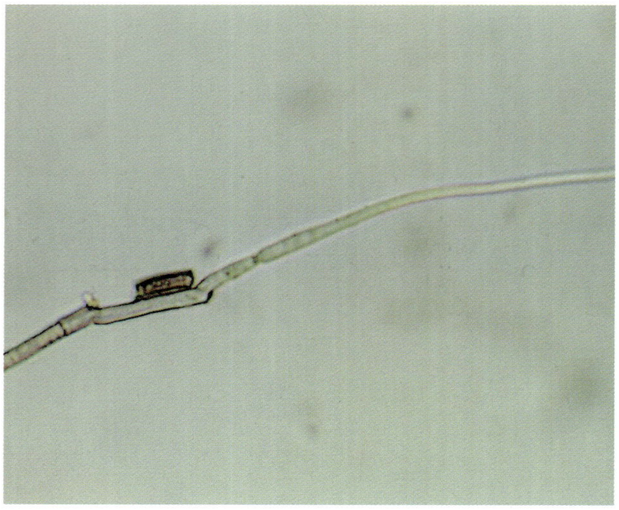

Cercospora capsici
(분생자경 및 분생포자)

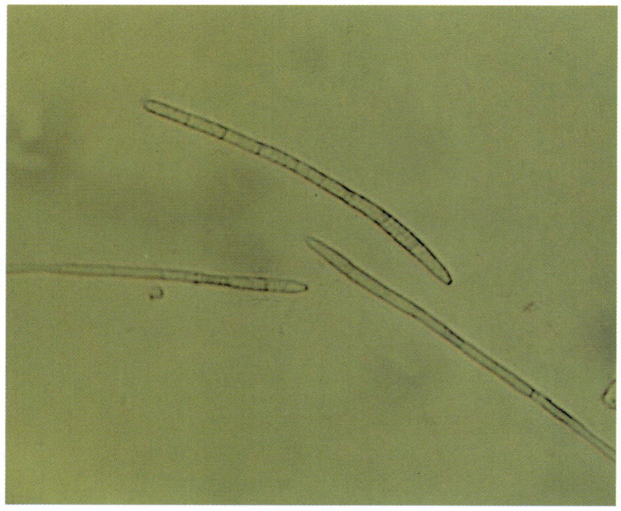

Cercospora carotae (분생포자)

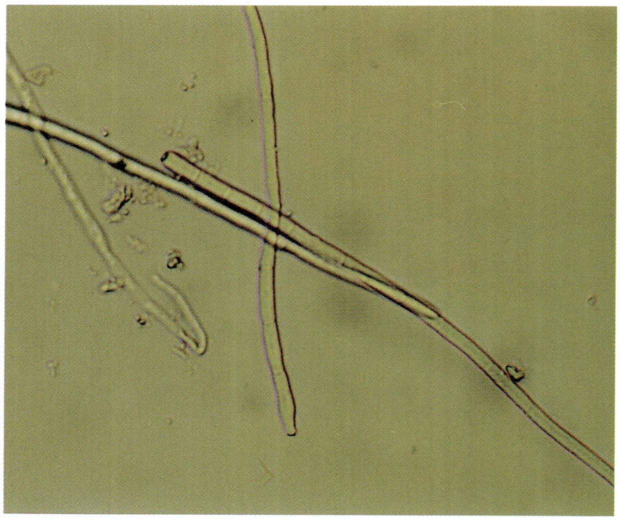

Cercospora citrullina (분생포자)

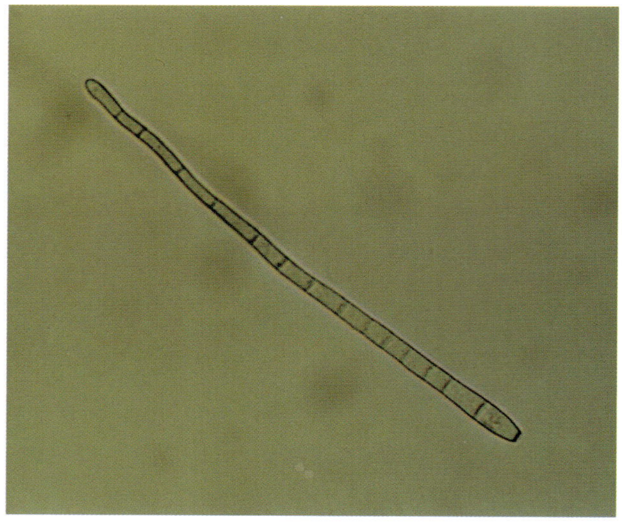

Cercospora longissima (분생포자)

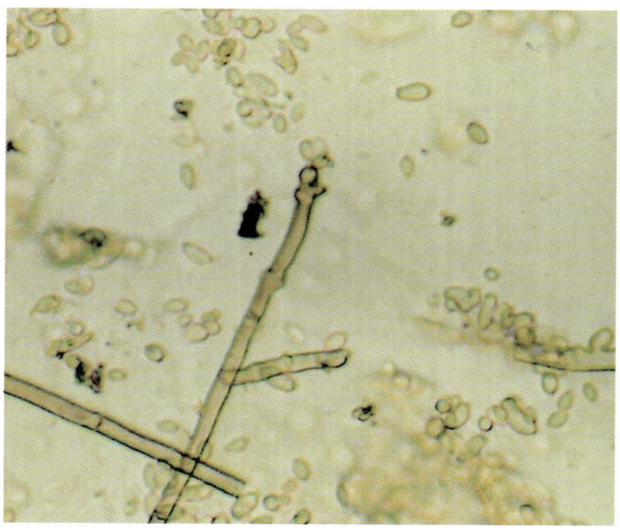

Cladosporium cucumerinum
(분생자경 및 분생포자)

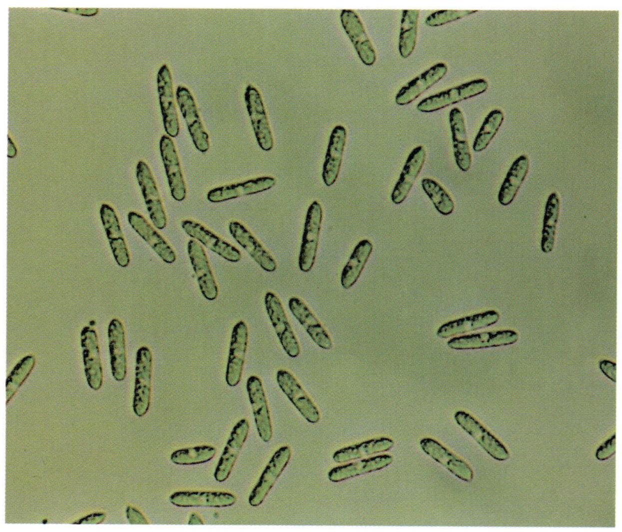

Colletotrichum coccodes (분생포자)

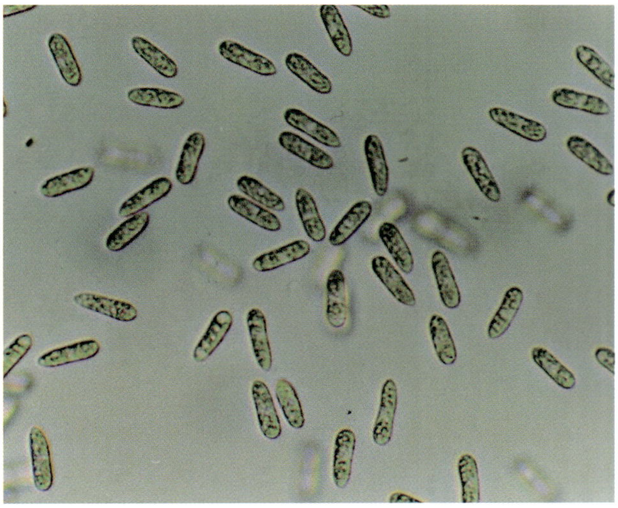

Colletotrichum gloeosporioides
(분생포자)

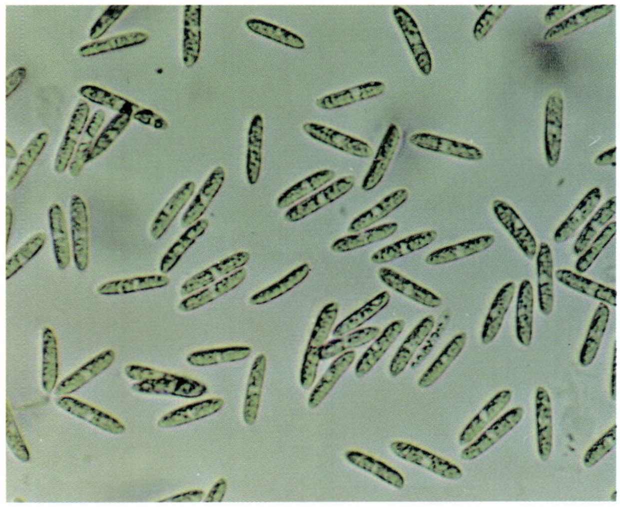

Colletotrichum higginsianum
(분생포자)

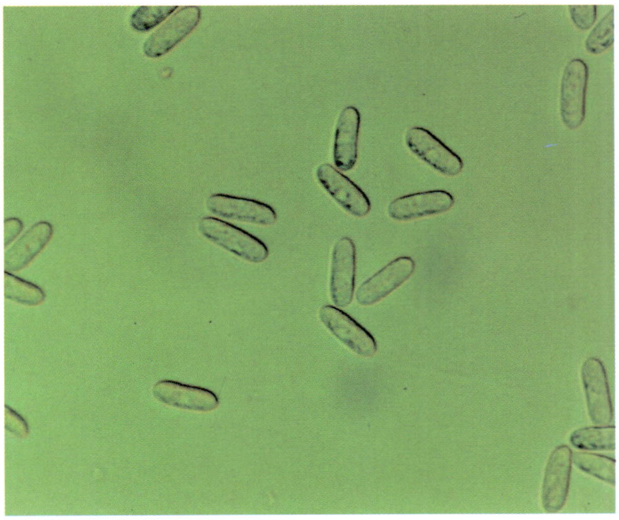

Colletotrichum malvarum
(분생포자)

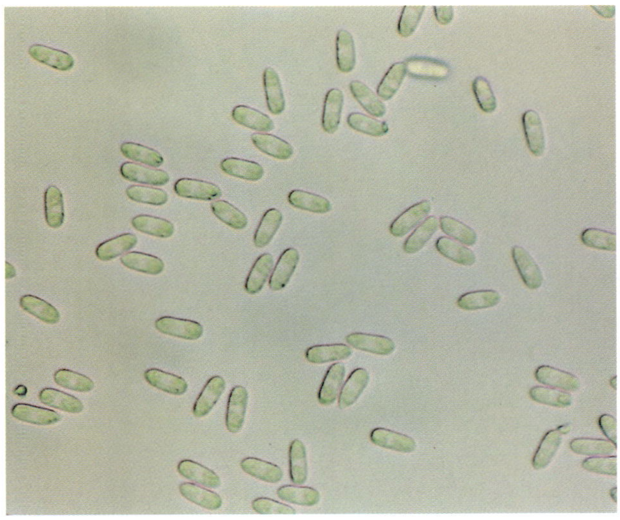

Colletotrichum orbiculare
(분생포자)

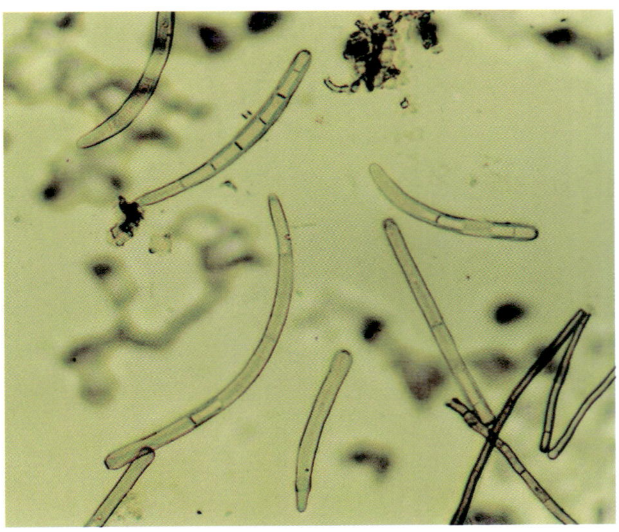

Corynespora cassiicola (분생포자)

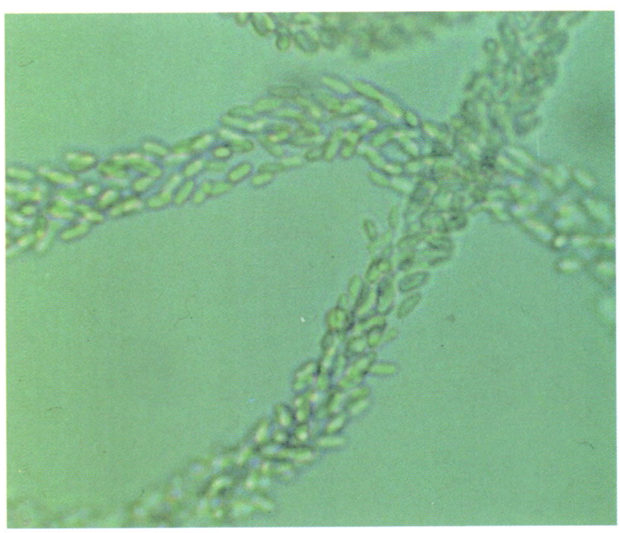

Dendrophoma obscurans (병포자)

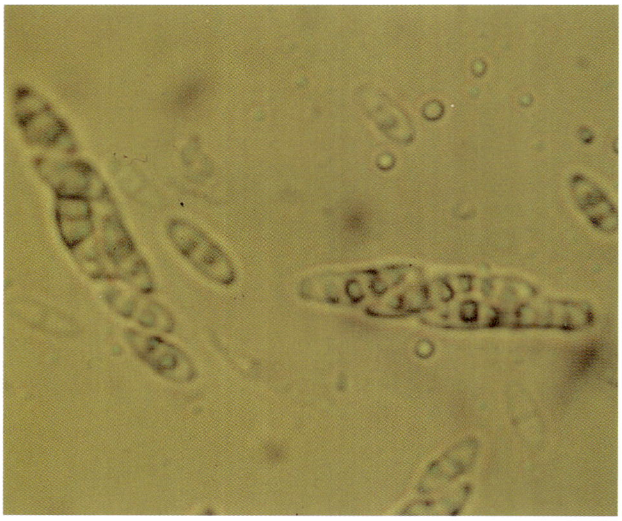

Diaporthe phaseolorum
(자낭 및 자낭포자)

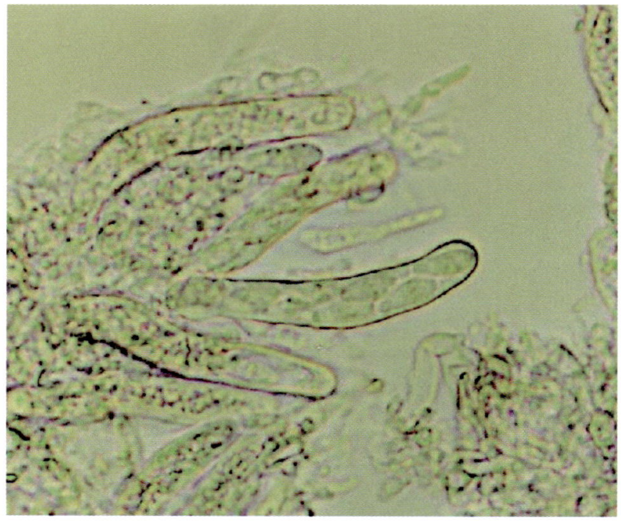

Didymella bryoniae
(자낭 및 자낭포자)

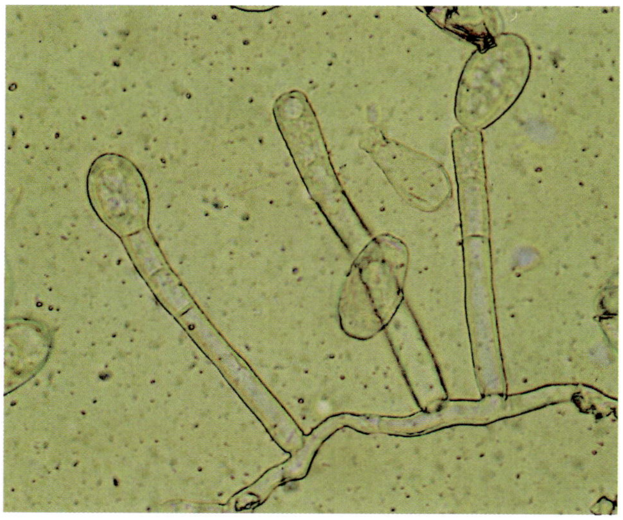

Erysiphe cichoracearum
(분생자경 및 분생포자)

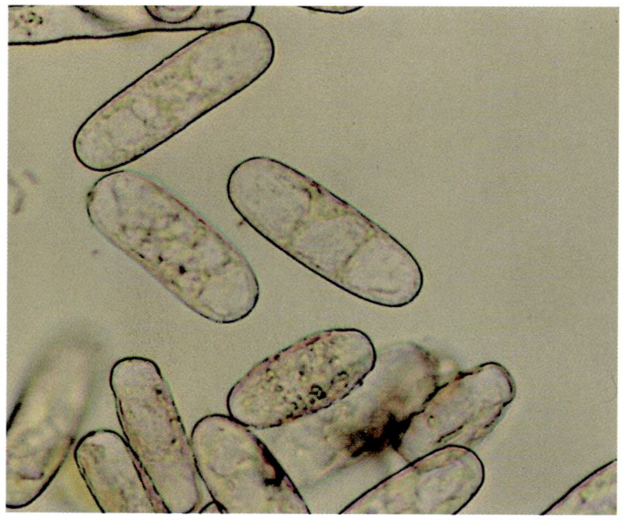

Erysiphe heraclei
(무성세대 : 분생포자)

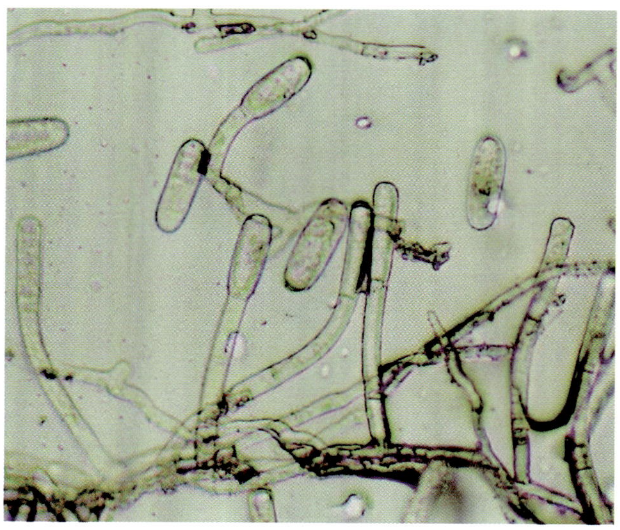

Erysiphe polygoni
(무성세대 : 분생자경 및 분생포자)

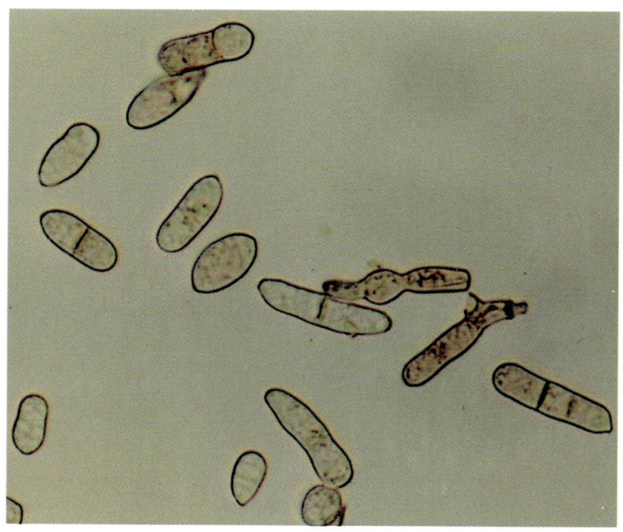

Fulvia fulva (분생포자)

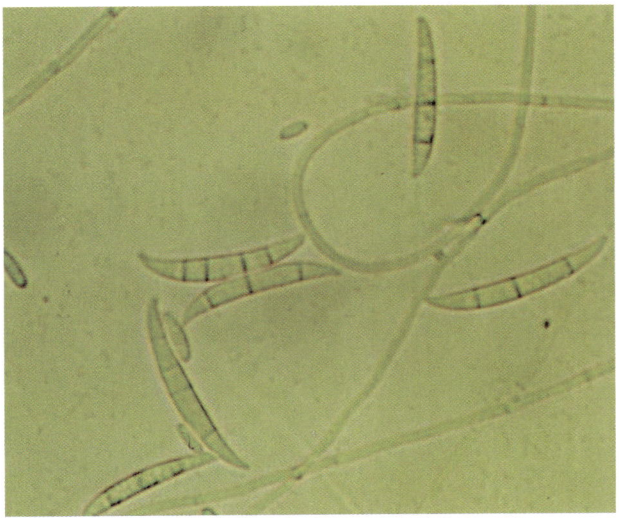

Fusarium oxysporum
(대형 및 소형 분생포자)

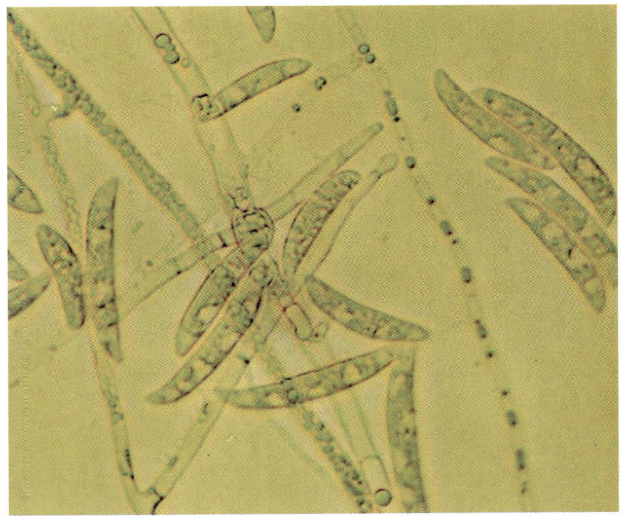

Fusarium solani (균사, 분생자경, 대형 및 소형 분생포자)

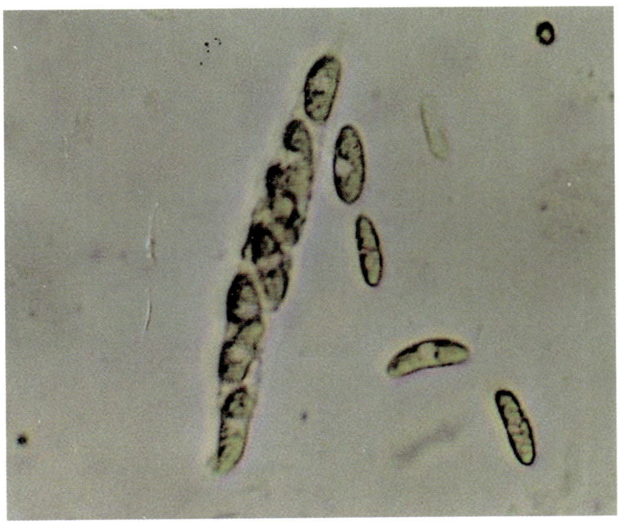

Glomerella cingulata
(자낭 및 자낭포자)

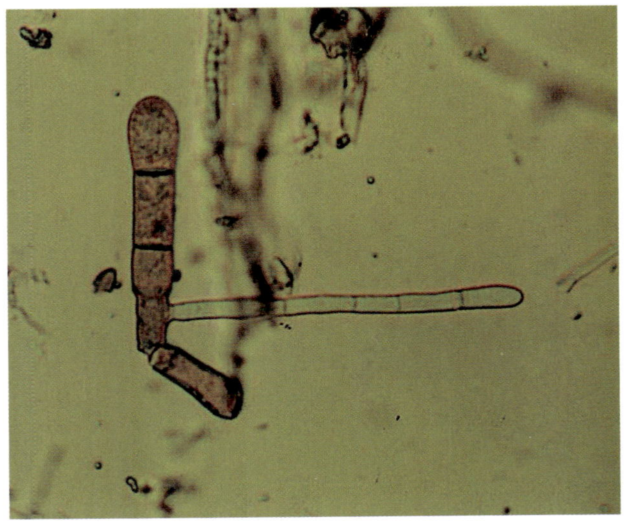

Heterosporium allii (분생포자)

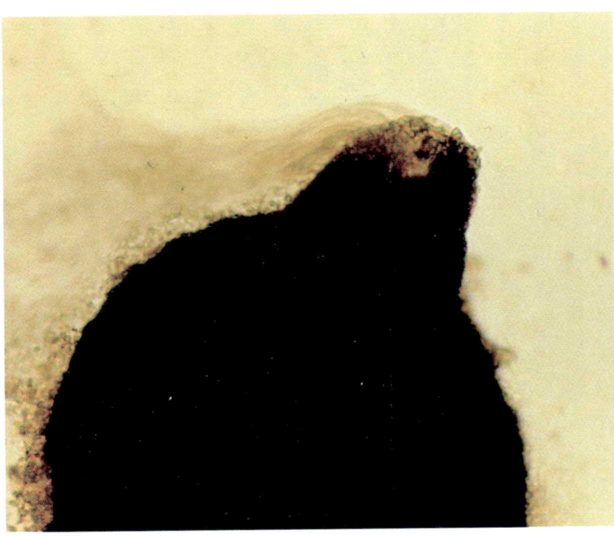

Leptosphaeria maculans
(무성세대 : 병자각 및 병포자)

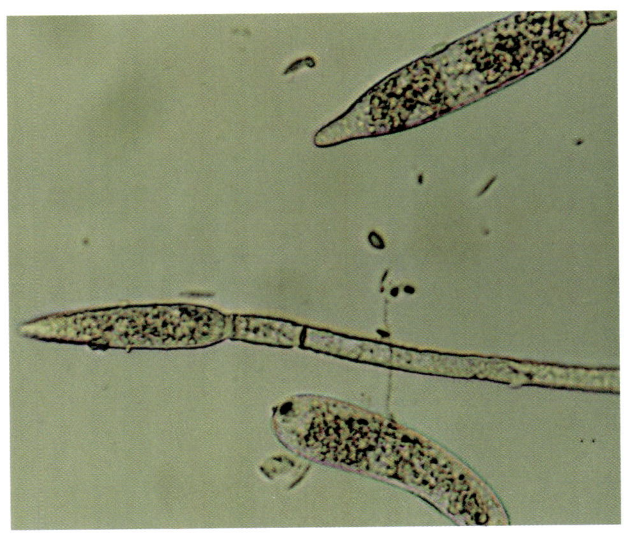

Leveillula taurica
(무성세대 : 분생자경 및 분생포자)

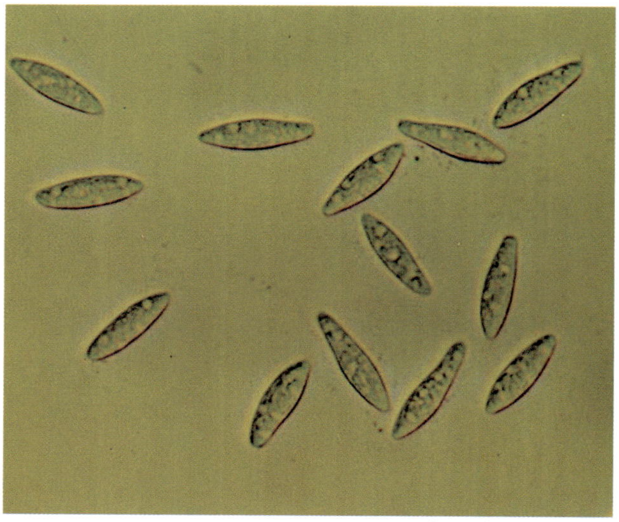

Macrophomina phaseolina(병포자)

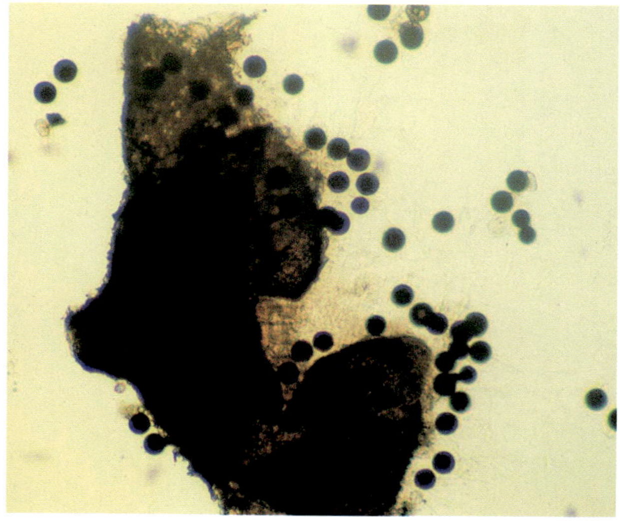

Monosporascus cannonballus
(자낭각, 자낭 및 자낭포자)

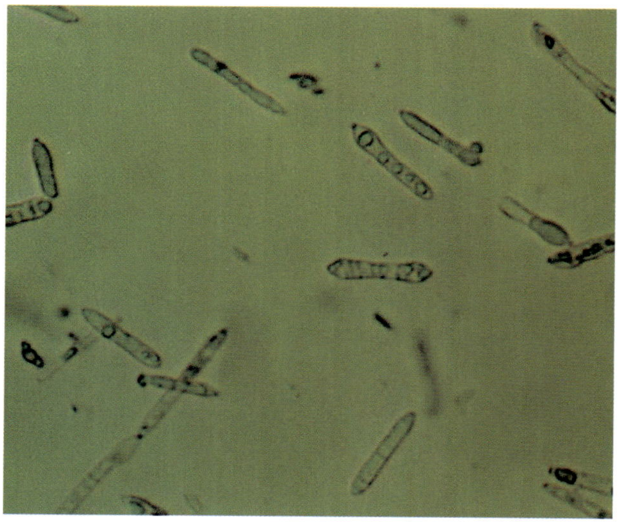

Mycosphaerella fragariae
(무성세대 : 분생포자)

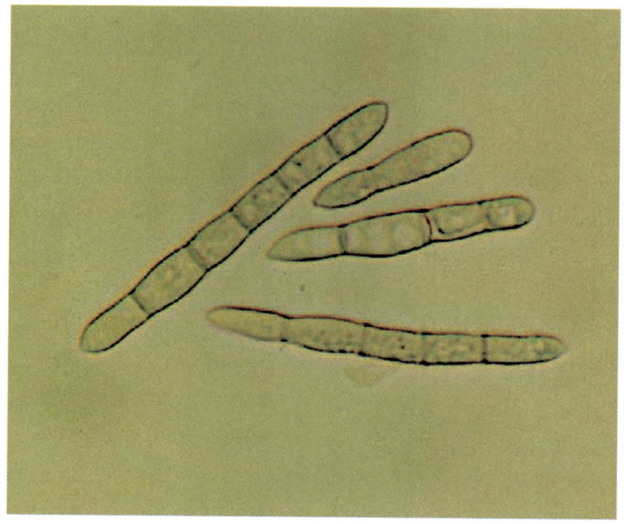

Mycovellosiella nattrassii
(분생포자)

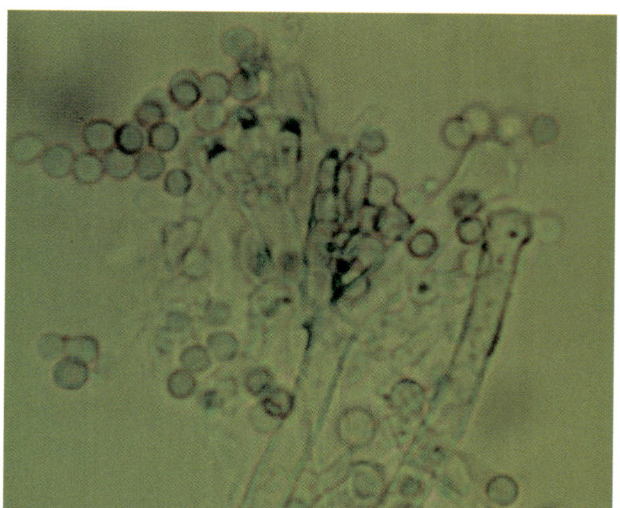

Penicillium hirsutum
(분생자경 및 분생포자)

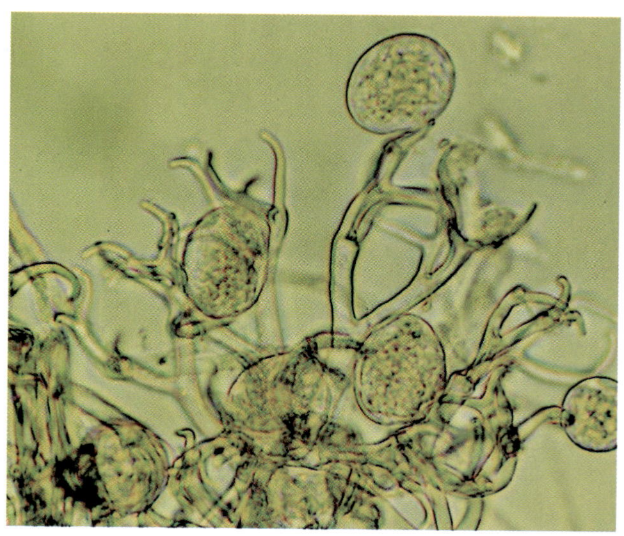

Peronospora brassicae
(포자낭병 및 포자낭)

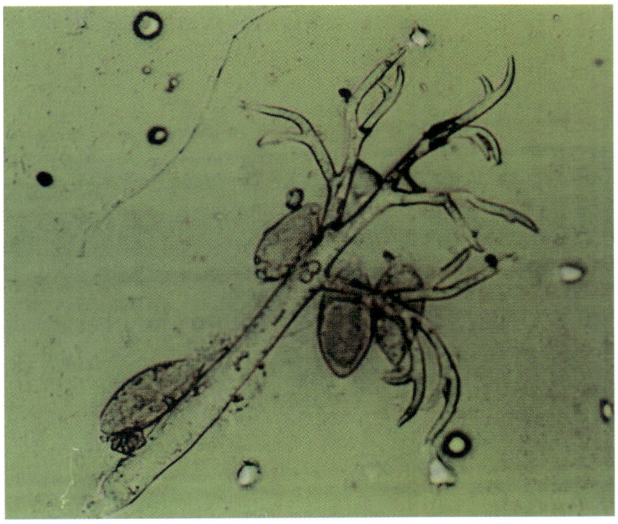

Peronospora destructor
(포자낭병 및 포자낭)

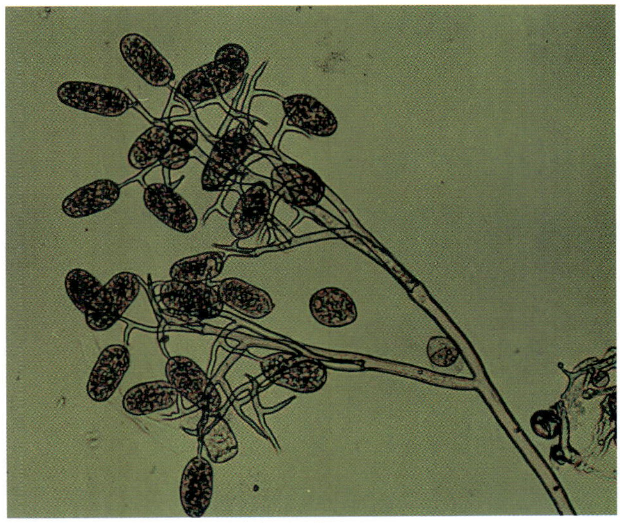

Peronospora spinaciae
(포자낭병 및 포자낭)

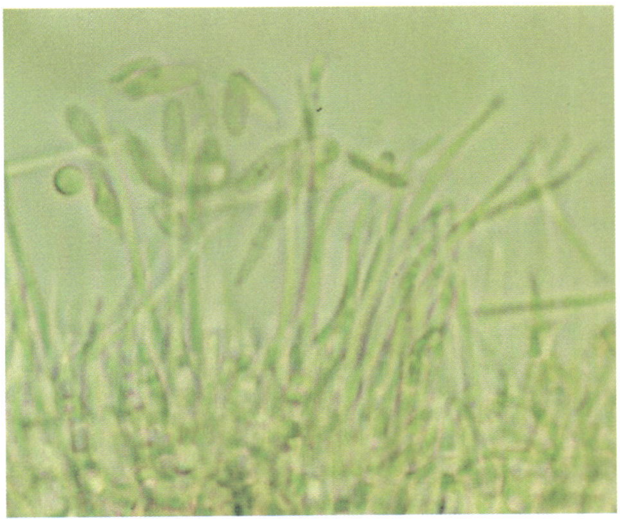

Phomopsis phaseoli
(병포자; α와 β포자)

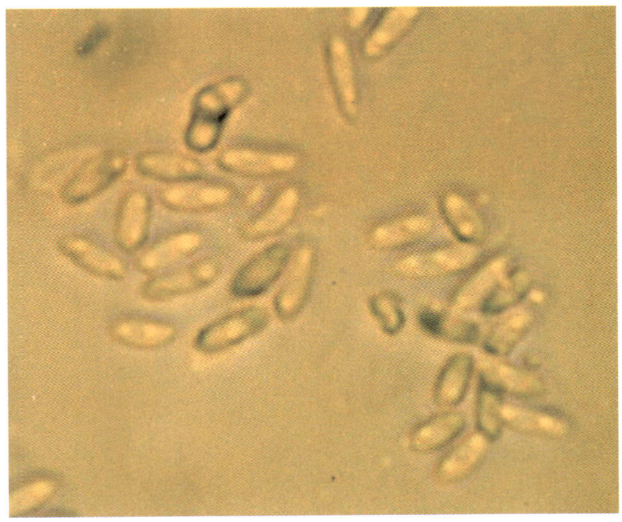

Phomopsis vexans (병포자; α포자)

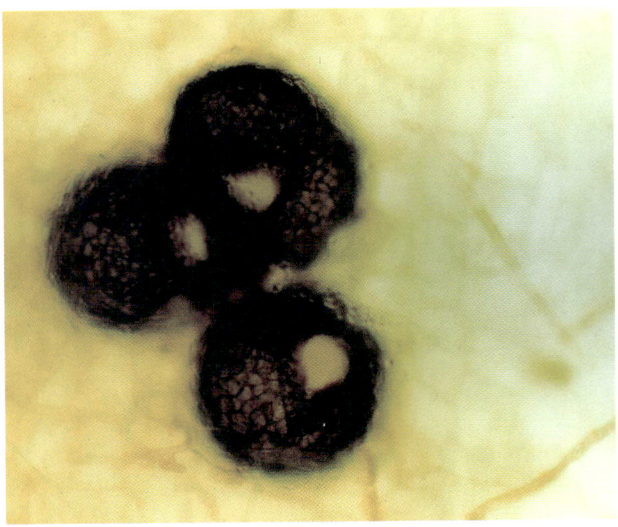

Phyllosticta zingiberi
(병자각 및 병포자)

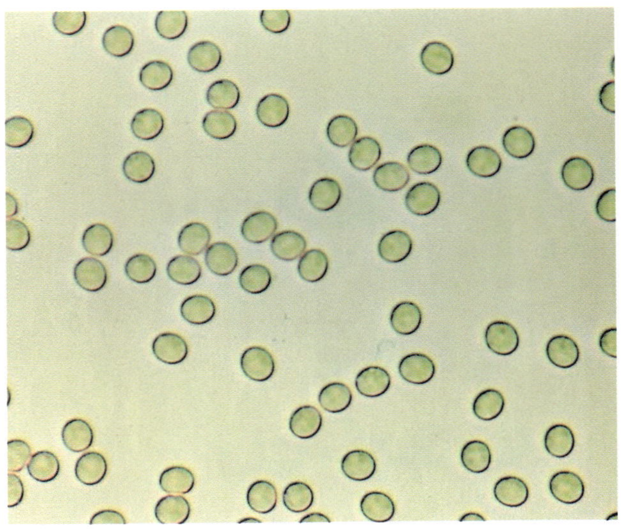

Physarum sp. (포자)

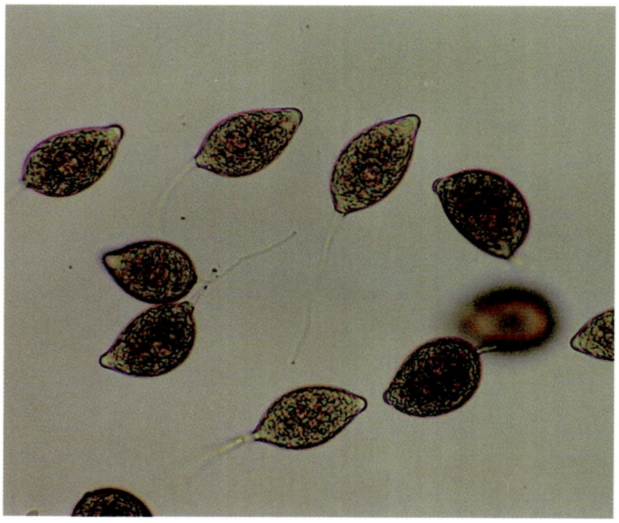

Phytophthora capsici (유주자낭)

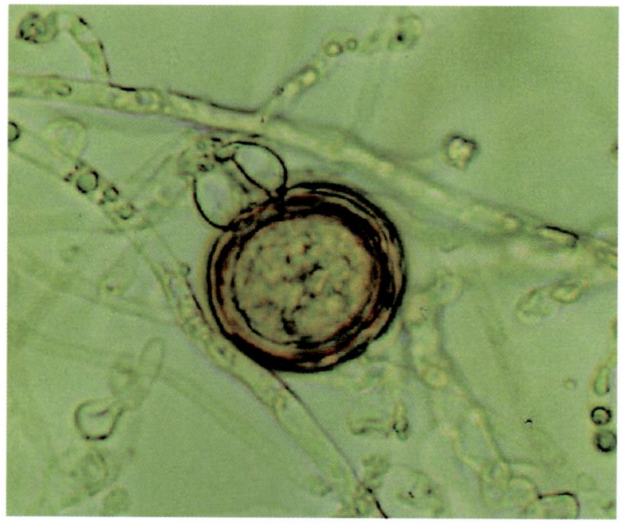

Phytophthora capsici (균사 및 난포자)

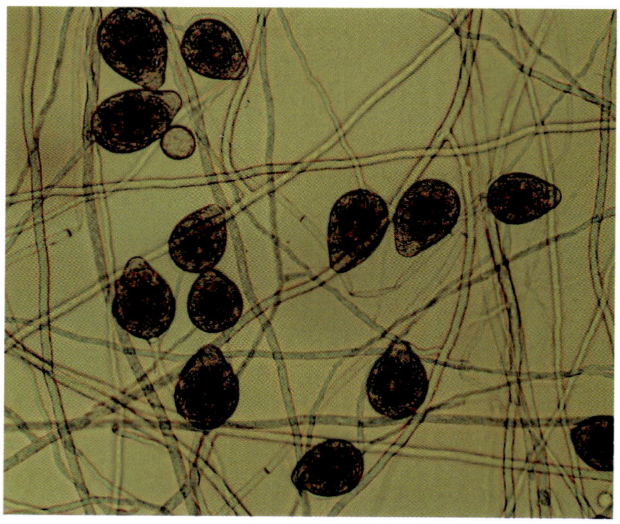

Phytophthora cryptogea (균사 및 유주자낭)

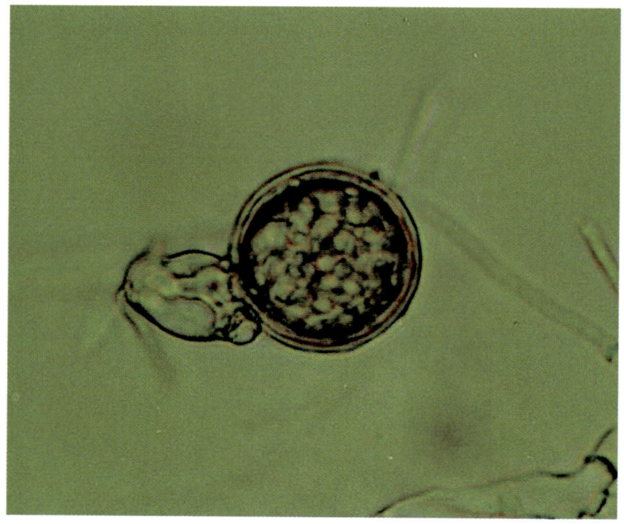

Phytophthora cryptogea (난포자)

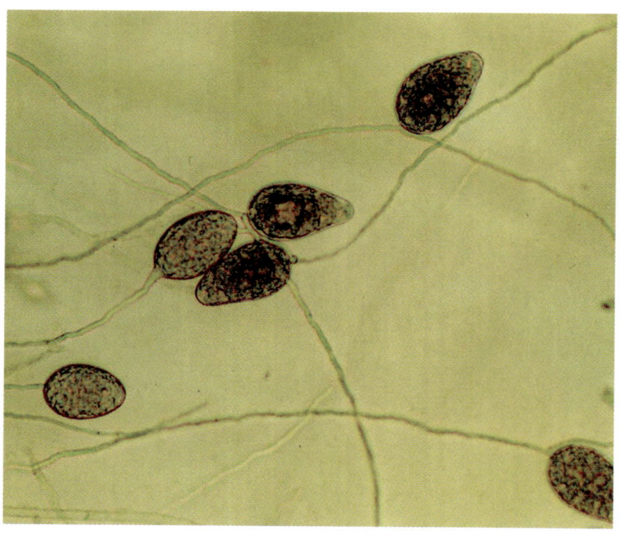

Phytophthora drechsleri(유주자낭)

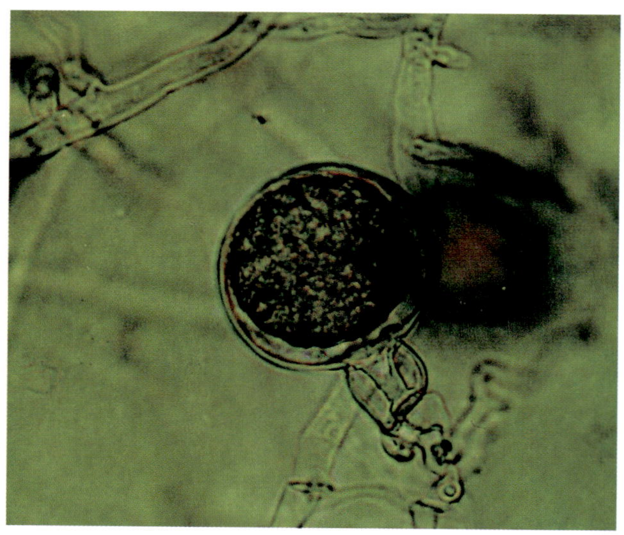

Phytophthora drechsleri (난포자)

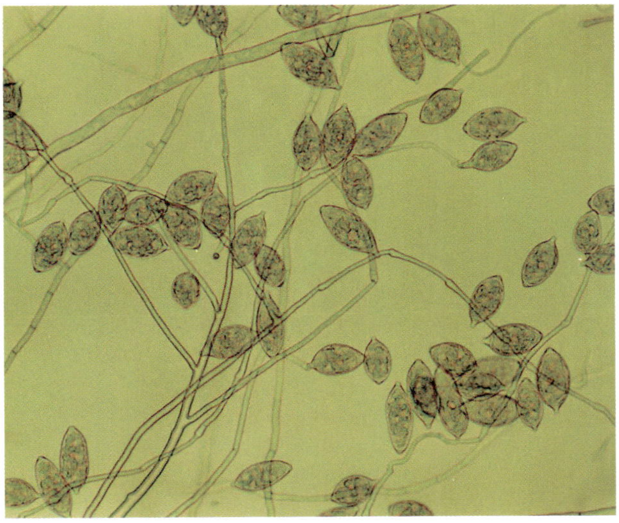

Phytophthora infestans
(균사 및 유주자낭)

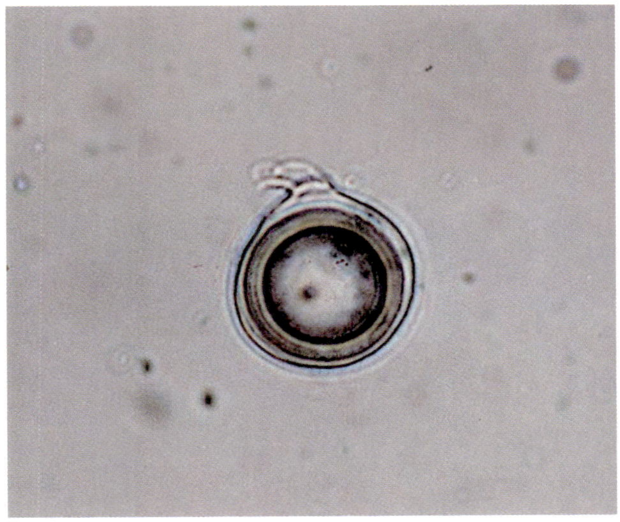

Phytophthora infestans (난포자)

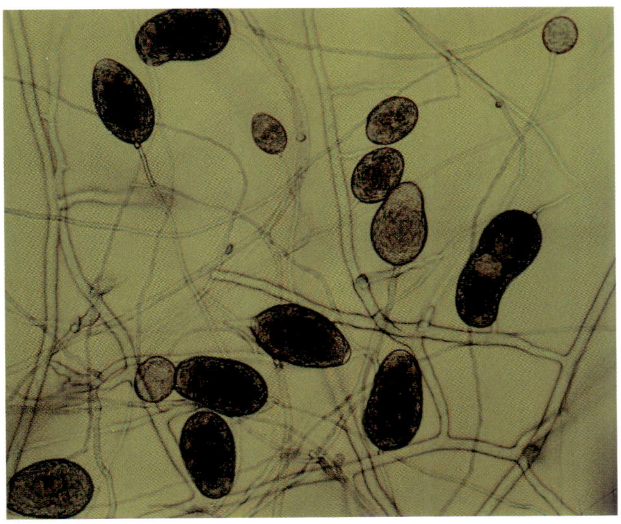

Phytophthora megasperma
(균사 및 유주자낭)

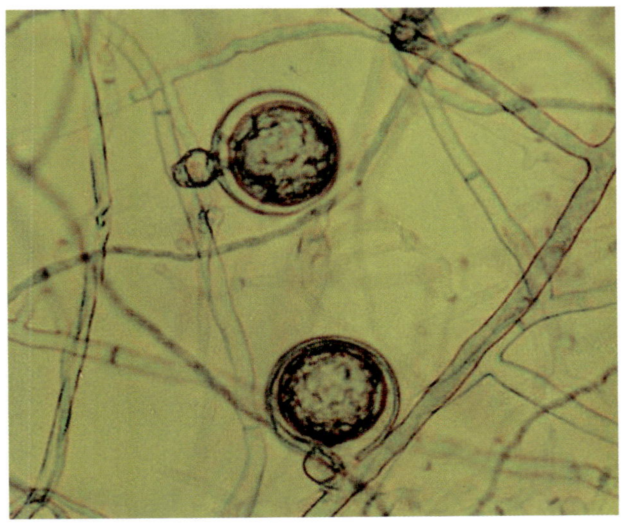

Phytophthora megasperma
(균사 및 난포자)

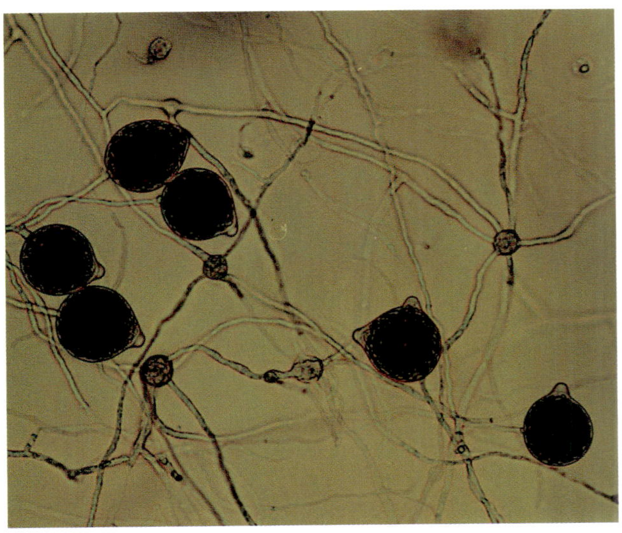

Phytophthora nicotianae
(균사 및 유주자낭)

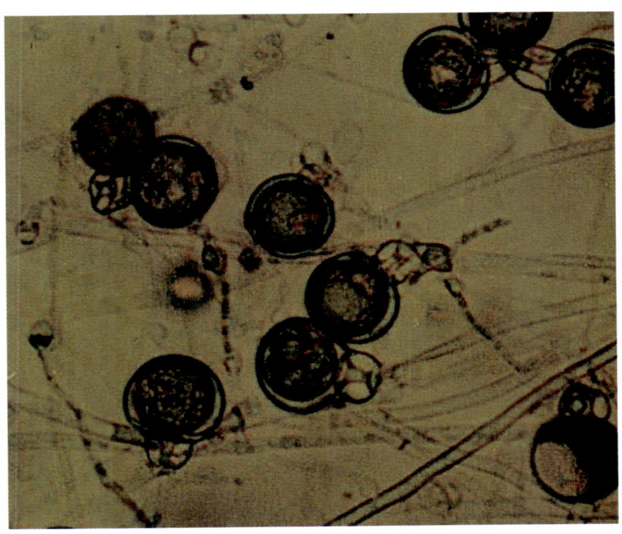

Phytophthora nicotianae (난포자)

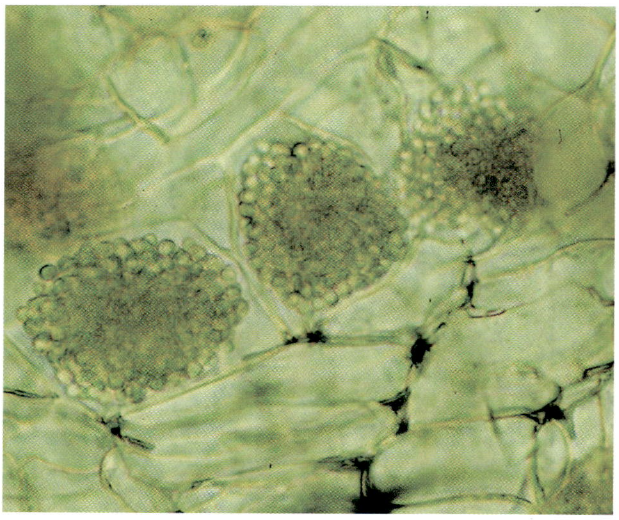

Plasmodiophora brassicae
(감염조직내 휴면포자)

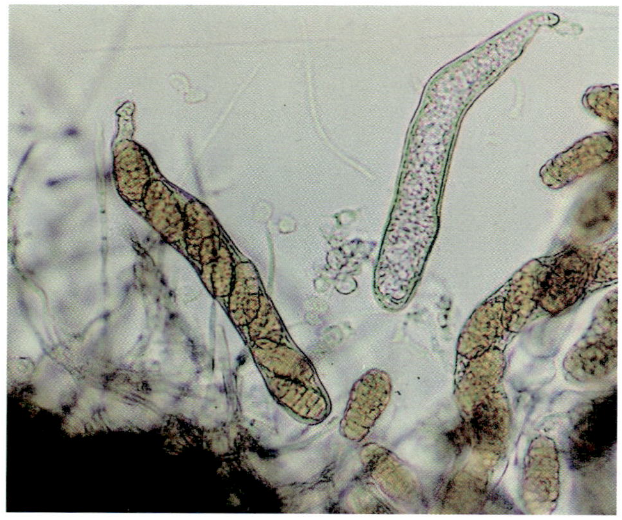

Pleospora herbarum
(자낭 및 자낭포자)

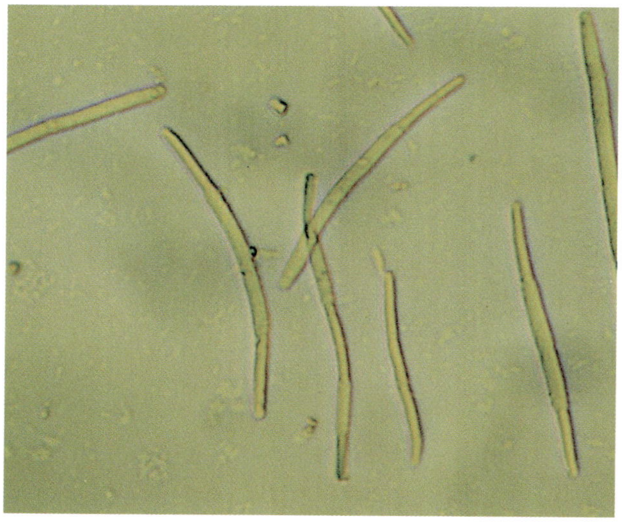

Pseudocercosporella capsellae
(분생포자)

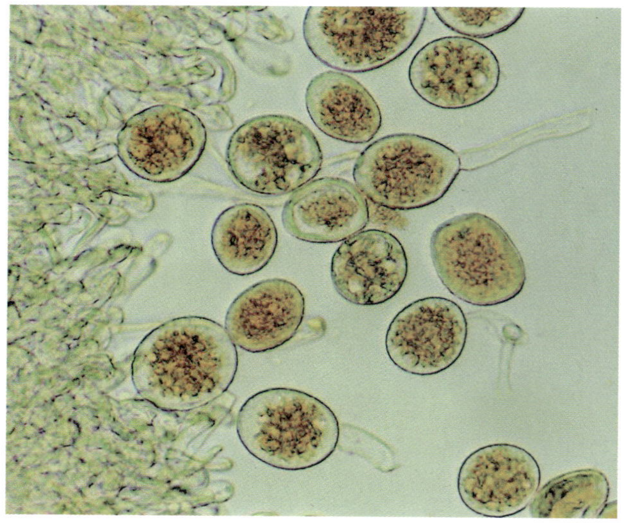

Puccinia allii (하포자)

Puccinia allii (동포자)

Puccinia oenanthes-stoloniferae
(하포자 및 동포자)

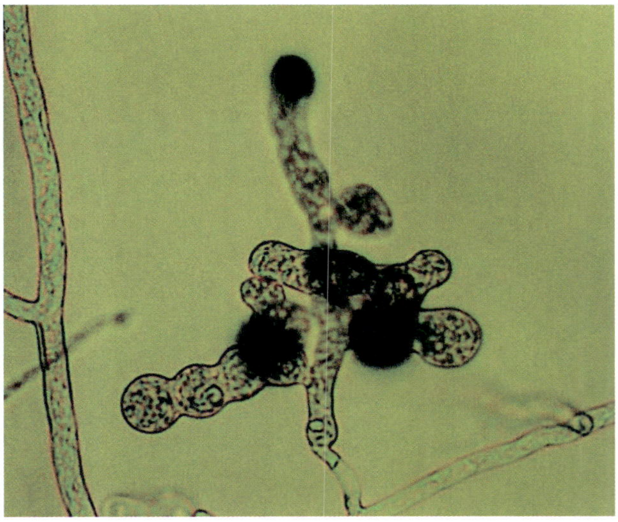

Pythium aphanidermatum
(균사 및 유주자낭)

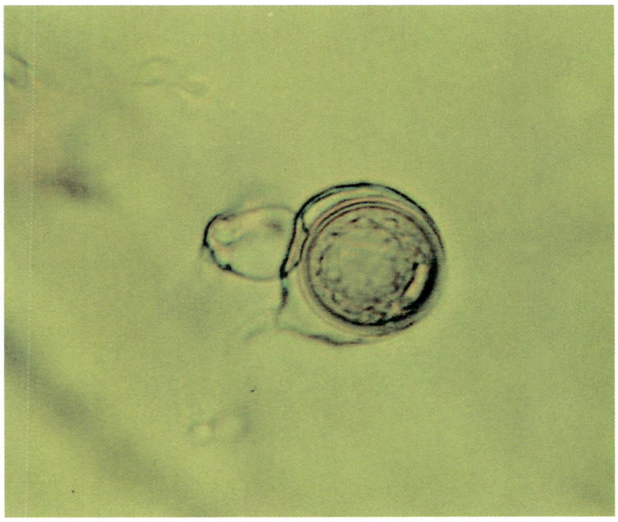

Pythium aphanidermatum(난포자)

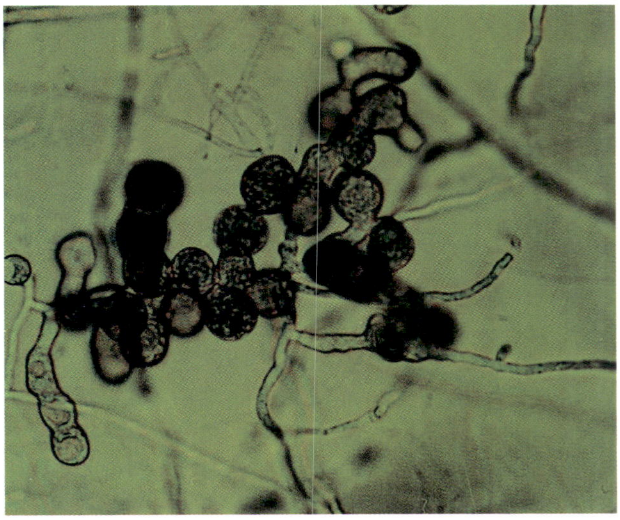

Pythium myriotylum (유주자낭)

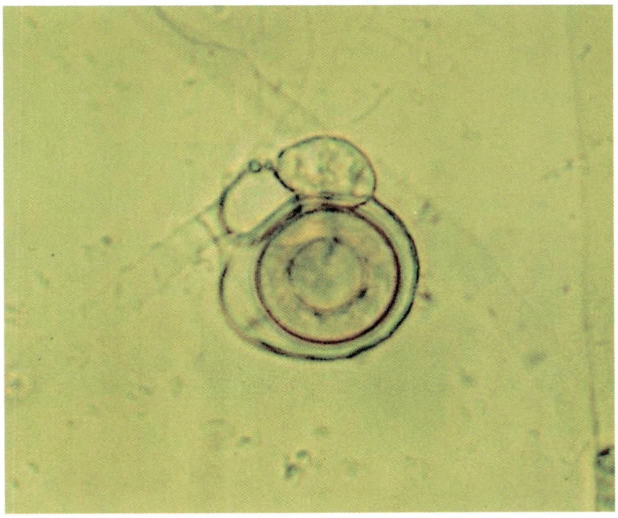

Pythium myriotylum (난포자)

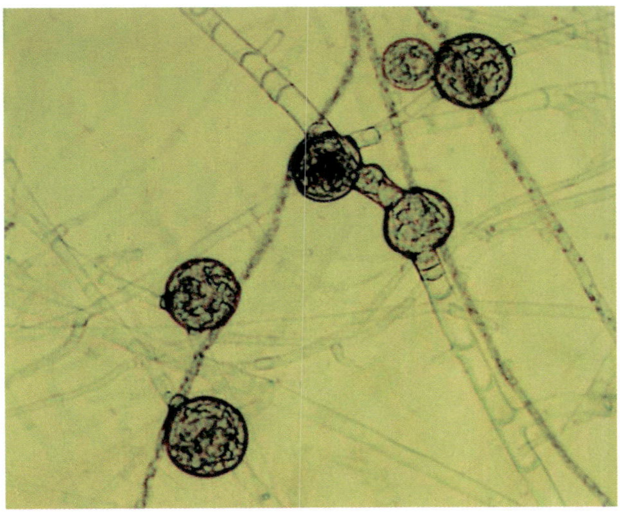

Pythium ultimum
(균사 및 유주자낭)

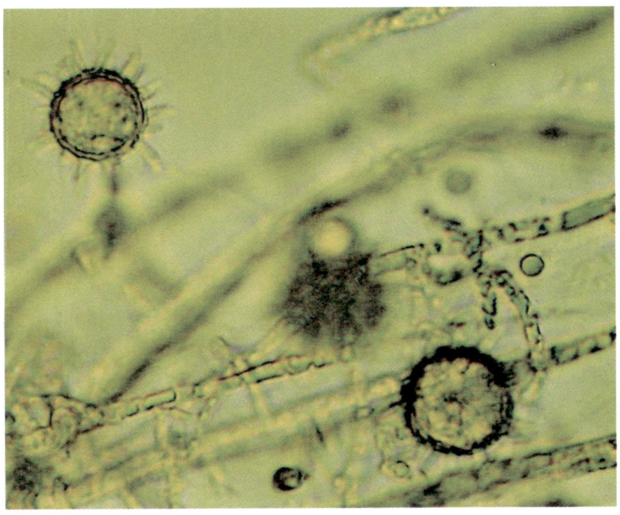

Pythium spinosum (유주자낭)

Rhizopus stolonifer
(포자낭, 포자 및 가근)

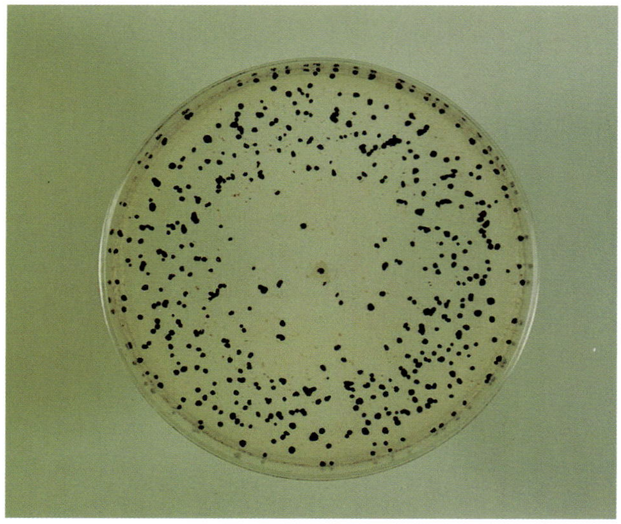

Sclerotinia minor (배양균핵)

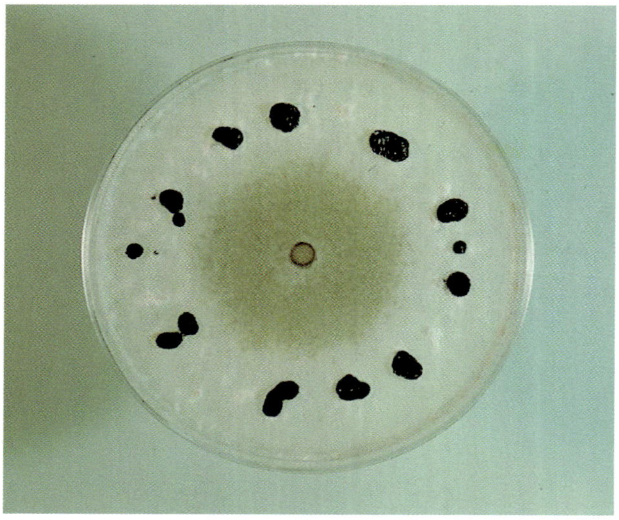

Sclerotinia sclerotiorum(배양균핵)

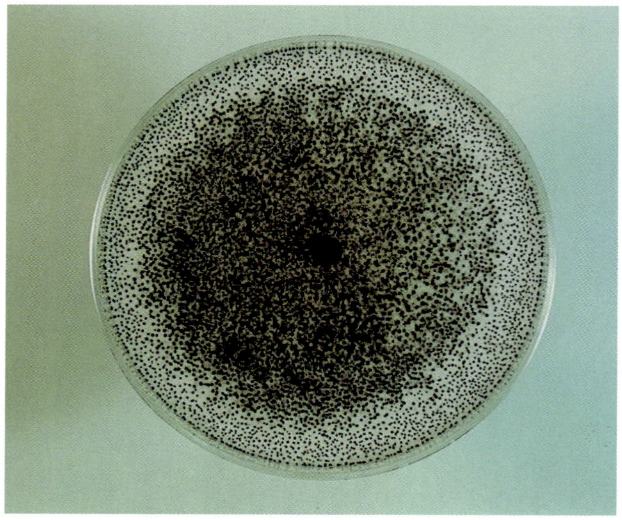

Sclerotium cepivorum (배양균핵)

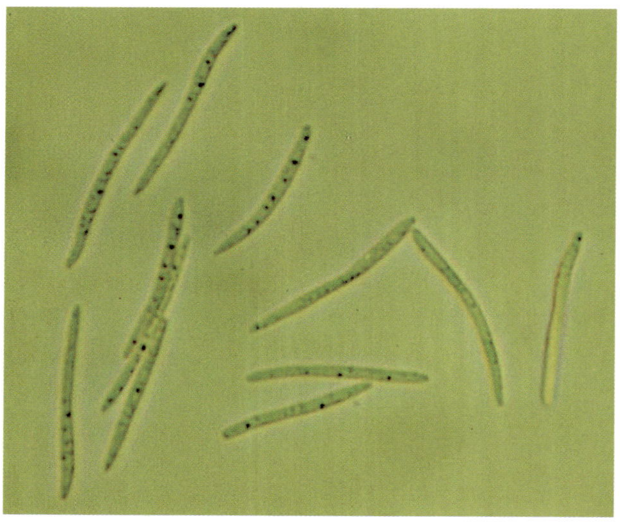

Septoria apiicola (병포자)

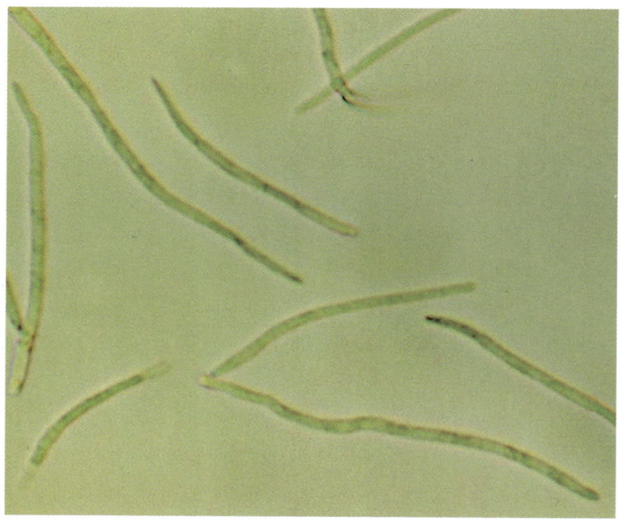

Septoria lycopersici (병포자)

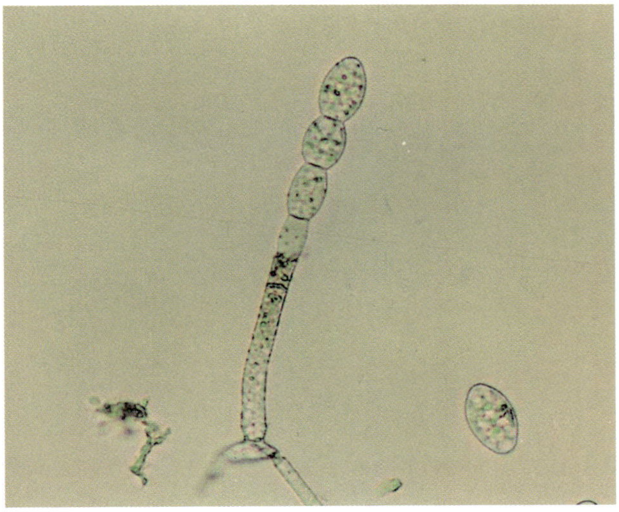

Sphaerotheca fuliginea
(무성세대 : 분생자경 및 분생포자)

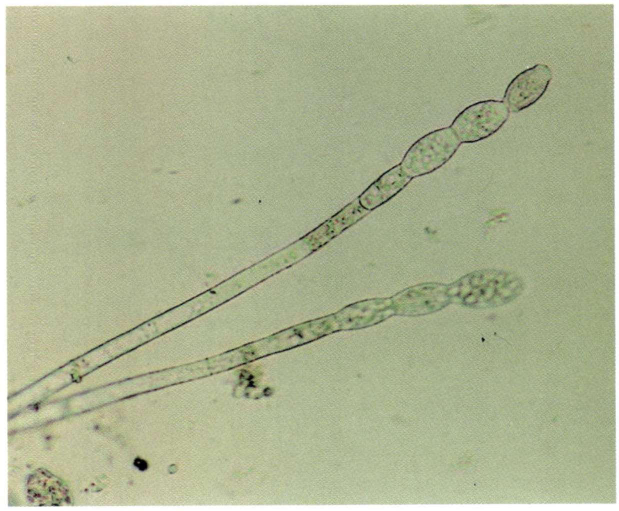

Sphaerotheca humuli
(무성세대 : 분생자경 및 분생포자)

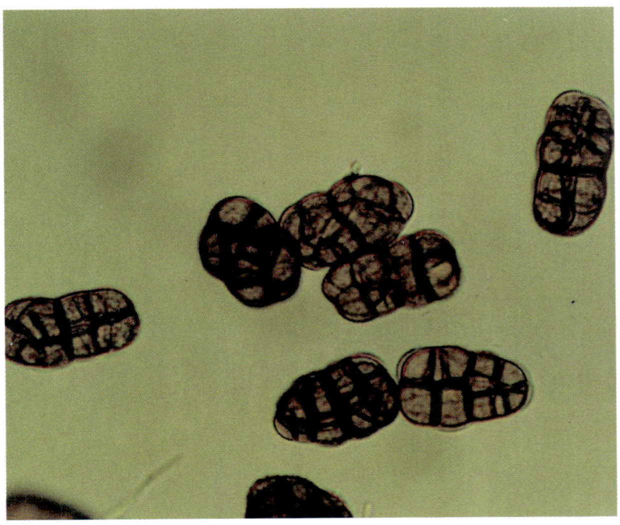

Stemphylium botryosum(분생포자)

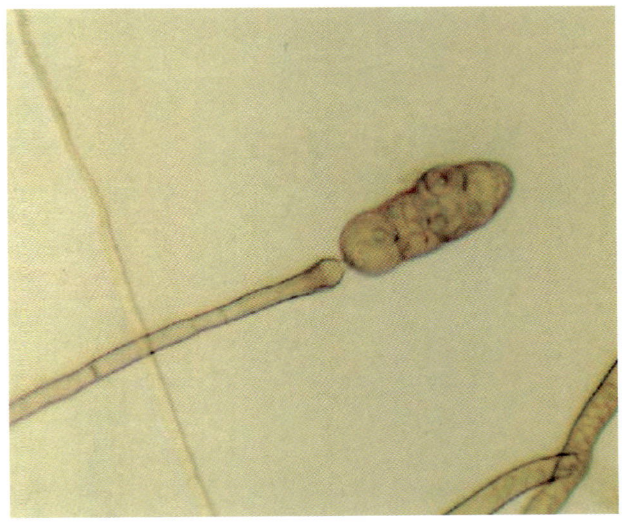

Stemphylium lycopersici
(분생자경 및 분생포자)

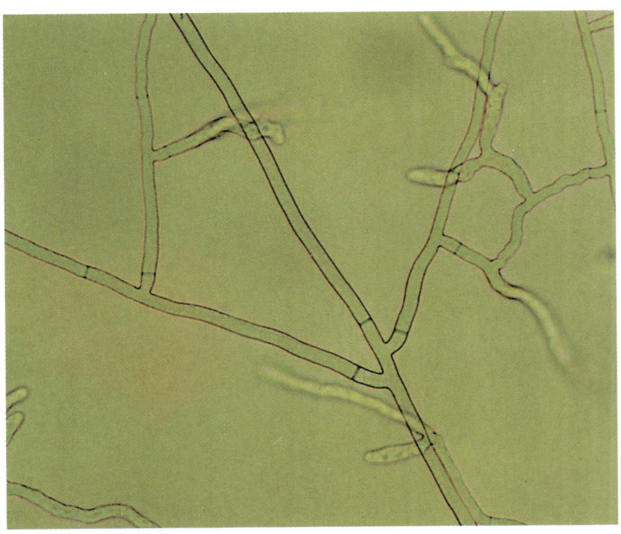

Thanatephorus cucumeris
(무성세대 : 균사)

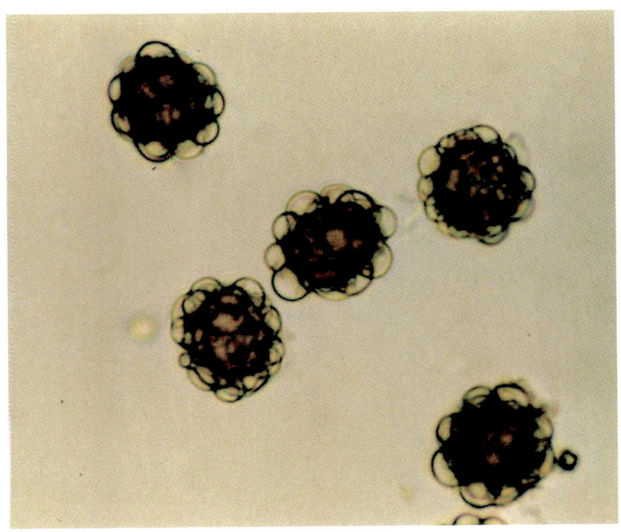

Tuburcinia cepulae (후막포자)

천적이용
방제편

천적 이용 실천 전략

01 천적 이용의 기본 모델

생물적 방제에 사용되는 천적을 어떻게 사용할 것인가에 관한 모델이 있으면 좀 더 쉽게 천적을 이용할 수 있다. 표1~1은 천적의 이용방법에 대한 모델이다. 모델 설정은 외국에서 천적 이용 사례를 참고로 하여 작성하였다. 천적 이용 방제는 해충 개체군의 밀도와 직접 관련이 있을 뿐만 아니라 온도, 습도,작물종류, 농약 사용 등 여러 가지 환경에 영향을 받기 때문에 천적 이용방법이 다르므로 이용 모델 설정이 쉽지 않다. 표1~1의 모델도 기본 모델로 개별 포장에 따라 차이가 있어서 참고용으로 활용하기 바란다.

잎응애 방제에 칠레이리응애를 사용하며 이는 치료용으로도 사용된다. 해충이 처음 발생된 것이 확인된 직후에 방사한다. 방사량 횟수는 점박이응애의 발생 정도에 따라 2~3회가 된다.

온실가루이 방제에 온실가루이좀벌을 사용하고, 예방용으로는 해충 발생 2주전에 투입하고, 치료용은 해충 발생이 확인된 후 1주 간격으로 5~8회 투입한다.

잎굴파리 천적은 굴파리좀벌과 굴파리고치벌을 혼합된 제품을 사용하며, 잎굴파리는 잎굴파리가 발생한 직후 사용하며, 조기 천적 투입으로 포장에서 천적이 증식하도록 한다.

총채벌레 천적은 오이이리응애, 으뜸애꽃노린재이며, 오이이리응애는 총채벌레가 발생하기 전에 투입하고, 남방애꽃노린재는 총채벌레 발생 직전에 사용한다. 굴파리좀벌과 애꽃노린재는 방제 효과는 우수하나 가격이 비싸 많이 사용할 수 없는 것이 문제점이다.

콜레마니진디벌은 예방, 치료, 포장증식 효과가 모두 있으나 예방용으로 사용이 효과적이다. 포장증식하기 위하여 뱅커플랜트를 이용한다. 뱅커플랜트에서 진디벌이 많이 증식하도록 하기 위하여서는 자주 뱅커플랜트를 관찰하여 진딧물이 부족하거나 없을 때는 추가 접종을 해야한다. 진딧물의 천적으로 진디혹파리, 무당벌레, 풀잠자리 등이 있으나 이들 천적은 진딧물 콜로니가 형성되었을 때 사용한다.

나방류의 알 기생 천적으로 쌀좀알벌과 곤충기생선충이 있다. 쌀좀알벌은 해충 발생 직후에 투입한다. 담배나방과 같이 나방류는 몇 천 개의 알을 흩어 낳기 때문에 기생률을 높이기가 쉽지 않다. 곤충기생선충은 방제 효과가 빠르며 자외선이 없을 때 농약과 같이 분무기로 살포한다.

02 온도와 습도의 영향

천적의 활동 가능 온도는 대체로 12~30℃ 이나 낮은 온도로 보면 콜레마니진디벌이 5℃로 가장 낮고, 다음으로 칠레이리응애와 오이이리응애가 12℃로 낮다(표1~2). 고온에서 활동 가능 온도로 보면 오이이리응애, 으뜸애꽃노린재, 풀잠자리가 35℃로 높았고, 나머지 천적은 30℃이다. 천적의 활동 적온은 대체로 20~25℃이다. 활동적온이 가장 낮은 천적은 굴파리고치벌이고, 가장 높은 천적은 풀잠자리다. 겨울철에는 콜레마니진디벌을 제외하고는 저온에서 활동을 못하여 천적을 넣어도 아무 소용이 없다.

대부분의 천적은 최저 습도가 65~80%이다. 콜레마니진디벌은 55~65%로 최적 습도가 낮다. 진디혹파리는 최적 습도 하한이 75%로 높고, 온실가루이좀벌은 최적 습도의 상한이 90%로 높다.

표 1~1 시설채소의 해충방재에 사용되는 천적의 표준 이용 모델

대상해충	천적	천적의 발육단계	전략	처리시기 (해충발생)	처리빈도	투입량 /10a	방 사 지 점 /10a
잎응애	칠레이리응애	성충,약충	치료	직후	2~3회	6,000	400
온실가루이	온실가루이좀벌	머미	예방 치료	직전 직후	2주 5~8주	1,500 3,000	30 60
잎굴파리	굴파리좀벌	성충	치료 포장증식	직후	1~3회	500	2
	굴파리고치벌	성충	치료	직후	1~3회	100	2
총채벌레	오이이리응애	약-성	포장증식	직전	1~3회	100,000	400
	으뜸애꽃노린재	5령,성충	치료	직전	1~3회	1,000	10
	총채가시응애	성-약	치료	직후	1~3회	10,000	400
목화진딧물, 복숭아혹진딧물	콜레마니진디벌	머미	예방 치료	직전 직후	매주 2회	100 500	5 10
	뱅커플랜트	성충	예방	2개월 전	1회	1~2	1~2
모든진딧물	진디혹파리	번데기	치료 포장증식	발생 시	4주	1,000	10
	풀잠자리	유충	치료	발생 시	-	20,000	발생지점
	무당벌레	성충	치료	발생 시	-	3,500	발생지점
나방	쌀좀알벌	번데기	치료	발생 시	4회	-	-
	곤충기 생선충	3령	치료	발생 시	1~3회	-	-

표 1~2 주요 천적의 활동 온도와 최적 습도

천적	활동 가능 온도	활동 적온	최적 습도
칠레이리응애	12~30°C	22~25°C	65~80%
오이이리응애	12~35°C	21~23°C	65~80%
으뜸애꽃노린재	15~35°C	21~23°C	65~80%
풀잠자리	15~35°C	24~26°C	70~90%
진디혹파리	16~35°C	20~24°C	75~85%
온실가루이좀벌	15~30°C	20~24°C	60~90%
콜레마니진디벌	5~30°C	20~24°C	55~65%
굴파리좀벌	15~30°C	20~25°C	-
굴파리고치벌	15~30°C	15~20°C	-

03 농약과 동시 이용

농약에 가장 잘 적응한 것이 지금 문제되고 있는 해충이라고 할 수 있다. 진딧물이나 점박이응애와 같이 농약에 대하여 저항성이 잘 발달한 것도 있고, 온실가루이 유충과 같이 표피가 왁스로 덮여 있어 농약의 침투가 어려운 것도 있고, 총체벌레나 잎굴파리와 같이 꽃 속이나 잎 조직 속에 살아서 농약의 직접 접촉이 쉽지 않는 것도 있다. 그러나 천적은 농약에 대한 경험이 없어 적응을 하지 못하여 쉽게죽는다. 적용범위가 넓어서 여러 종의 해충을 죽이는 농약이나, 잔효력이 길어 오랫동안 해충을 죽을 수 있는 농약이 천적에 더 해롭다. 이런 농약은 현재 가장 많이 사용되고 있는 합성 피레스로이드계, 유기인계, 카바메이트계 농약이며, 이들 모두 천적에 아주 해롭다. 한편 네오니코틴계 농약은 땅 위를 배회하는 포식자에게는 해롭지 않고 식물잎 배회성 포식자에게는 영양이 크다. 탈피저해제 농약은 기생성 천적과 지상 배회성 포식자에게는 영향이 없으며, 이리응애와 식물 잎 배회성 천적에게는 약간의 영향을 미친다. 식물잎 배회성 천적이 모든 농약에 해로운 것은 농약을 살포했을 때에 물리적인 타격도 영향을 주기 때문이다. 탈피저해제 농약은 천적과 동시에 사용하는 것이 가능하다. 그러나 천적에 해가 덜한 농약은 적용대상 해충이 많지 않고 선택성이 커서 동시에 여러 종의 해충 방제 효과가 떨어지는 단점이 있다.

04 친환경자재(유기농 자재)와 동시 이용 문제

친환경자재란 정의는 없으나 통상 유기농업이나 무농약 재배에 이용되는 자재라고 생각한다. 이 중 많은 자재가 비료라고 표시하면서 농약으로 이용되고 있다. 이런 자재의 특성은 (1) 불명확하여 복합적인 효과가 발현되며 재현이 어렵고, (2) 천적물질을 직접 이용하는 것으로 제조 원료가 다양하고 제품이 불균일하고, (3) 유통 경로가 불확실하고, (4) 품질관리가 곤란한 특성이 있다.

소비자의 안전농산물에 대한 관심이 높아지면서 유기재배 또는 무농약재배가 확산되고있다. 친환경이란 이름 자체만으로는 친환경적일 것이라고 생각하나 실제로는 전혀 친환경과는 관련이 없거나 아직까지 검증된 바 없는 것들이다. 많은 유기재배 등의 인증농가들이 비료로 등록한 친환경농자재가 지금 당장 효과가 있다고 하여 이를 이용하고 있다. 이런 친환경농자재는 천적과 달리 선택성이 없어 광범위한 살충성이 있어 해충만 죽이는 것이 아니라 천적까지도 죽게 하여 방제 효과가 오래 지속되지 못하며, 농약과 같이 해충의 재출현 문제가 발생하게 된다. 곤충의 출산력은 보통 100마리에서 수천마리로 극히 높고 한 세대기간은 한 달도 채 안되는 것이 많다. 천적이 없는 가운데 해충만 있다면 이와 같은 높은 곤충의 증식력으로 인해 해충이 대발생되기 때문이다.

외국에서 병해충 방제가 농약 중심에서 생물적 방제 중심의 종합방제로 전환하게 된 배경은 천적을 없애버림으로서 항상 해충 밀도가 높아지는, 즉 병 주고 약 주는 문제가 나타났기 때문이다. 당장 해충이 먹어들어 가고 있는 상황에서 농약을 사용하지 않으면서 우선 급하게 불을 끌 수 있는 것이 이들 농자재라고 할 수 있으나, 아직 인증되지 않은 자재가 해충 방제의 근간이 되어서는 안 된다고 본다. 선진국에서 찾아보기 어려운 이런 자재가 우리나라에서 급속히 확산되는 것은 바람직하지 않다.

유기농자재는 위와 같은 문제점이 있으면서도 해충의 밀도가 높아 천적 이용이 곤란하면서 무농약이나 유기재배를 하는 경우에 사용하여 해충의 밀도를 낮춘 후에 천적을 이용할 수 있다.

05 뱅커플랜트의 이용

뱅커플랜트(banker plants)는 천적을 유지 증식하는 식물이다. 식물에서 초식자가 증식을 하고, 이 초식자에서 포식자나 기생자가 증식한다. 초식자는 기주 전환을 못하여 작물에 해를 주지 않으나 천적인 포식자나 기생자는 기주 전환을 하여 작물에 발생하는 해충을 공격하는 점을 이용한 것이다. 뱅커플랜트는 작물과 유연 관계가 멀수록 뱅커플랜트 발생하는 초식자는 주 작물에 해를 주지 않는다. 원예작물은 모두 쌍자엽식물이며, 화본과식물은 단자엽식물이라서 두 식물에 발생하는 해충상(害蟲相)은 다르다. 이러한 이유로 보리나 밀 등 화본과식물을 뱅커플랜트로 원예작물의 해충 방제에 이용하고 있다. 또한 원예작물 내에서도 식물분류학상 유연 관계가 멀면 뱅커플랜트로 이용할 수 있다. 박과작물을 뱅커플랜트로 가지과작물에서 이용할 수 있다. 같은 종의 해충이 동시 기주가 아니면 뱅커플랜트로 이용할 수 있다. 뱅커플랜트의 설치 시기는 방제하고 해충이 발생하기 전이 좋다. 뱅커플랜트가 생육이 왕성할 때까지 재배하고 많은 초식자(草食者)를 발생시켜 많은 천적이 발생하여, 이 천적이 방제대상 주 작물에 발생하는 해충으로 이동하여 방제하게 해야 한다. 뱅커플랜트의 성공 비결은 주작물 정식 초부터 천적을 오랫동안 발생시키도록 뱅커플랜트를 관리하는것이다. 뱅커플랜트의 천적 발생과 주 작물의 해충 발생 시기와의 타이밍을 맞추는 것이 중요하다. 그리고 뱅커플랜트에 초식자가 없거나 적으면 계속적으로 천적이 발생할 수 없으므로 초식자(곤충)를 접종해야한다.

06 천적 이외의 해충 방제방법

건전 묘의 사용 시설에서 해충 발생은 시설 내 자체 발생도 하지만 주로 외부에서 침입하여 시작된다. 바람에 의한 창으로의 침입은 방충방을 설치하여 막을 수도 있다. 겨울에는 해충 발생이 없어서 크게 문제가 되지 않으나 묘목에서의 침입은 일찍부터 번식하여 피해가 크다.

네덜란드 등 선진국의 묘목생산회사에서는 천적을 집중적으로 사용하고 있지만, 우리나라의 묘목회사 농장에서는 농약으로 해충을 방제하고 있으나 온실가루이, 잎굴파리, 총체벌레 등 많은 해충이 여전히 발생하고 있다. 묘목에 해충이 없는 것을 사용해야 한다. 잔류 농약이 문제가 안 된다면 묘목 시기부터 농약을 철저하게 사용하여 방제해야 한다. 부득이 해충이 발생한 묘목을 정식할 때는 정식과 동시에 천적을 방사해야 한다. 다만, 본포에서 묘목할 때에 사용한 농약이 잔류하여 천적에게 해를 줄 수 있어서 주의해야 한다.

천적 이용은 해충의 밀도가 높을 때에는 효과가 뒤늦게 나타나 피해를 받을 수 있어 해충의 밀도가 낮을 때 사용하는 것이 기본이나 조기에 해충이 발생하면 천적 이용은 효과가 떨어지거나 실패하게 된다.

천적

병해충 저항성 품종의 재배 해충에 대한 저항성 품종의 재배는 품종 선택만 잘 하면 방제비용이 전혀 없는 가장 바람직한 방제수단이다. 그러나 저항성 품종의 육종은 쉽지 않아 현재 채소 해충에 대하여 저항성 품종으로 알려진 것이 거의 없다. 조명나방을 죽이는 곤충 독소(Bt)유전자가 들어가 있는 옥수수 품종이 외국에서 개발되어 이용되고 있지만, 아직 국내에는 연구개발 단계이고 실용화된 곤충 저항성 유전자를 가진 품종은 없다. 저항성 품종의 재배는 해충의 밀도를 낮추게 하여 천적 이용의 효과를 높일 수 있다.

잡초 이용 또는 제거 시설 내에 발생하는 잡초에 주 작물의 해충이 발생하는 잡초는 없애 버려야 한다. 잡초는 해충의 발생된 역할을 하게 되므로 제거해야 한다. 그러나 잡초에 발생하는 곤충(초식자)이 작물에 해를 끼치는 것이 아닐 때에는 잡초에 발생하는 곤충은 천적의 먹이 자원이며, 천적의 서식처가 되어 작물에 이롭기 때문에 제거하면 안 된다. 노지작물에서 잡초는 해충의 서식처가 될 뿐만 아니라 종 다양성을 높이며, 천적의 서식처가 되어 잡초 제거는 바람직하지 않다.

해충 침입 저지 자재의 사용 측창에 방충망을 설치하고 출입구는 이중문을 설치하여 해충이 들어오지 못하게 한다. 그 외에 해충 방재 효과가 있다고 알려진 자재로는 자외선 제거 필름, 광 반사 필름,황색등(黃色燈)등의 이용이 있다. 이와 같은 자재의 이용은 해충의 발생밀도를 줄일 수 있어 낮은 해충밀도에서 방제 효과가 있는 천적 사용에 도움을 준다. 이들 자재는 농약이나 유기농자재와는 달리 어떠한 생태계의 교란이나 물리적 타격이 없어 천적에게 영향을 끼치지 않아 천적과 동시에 이용하는데 아무런 문제가 없다.

교미 교란 페로몬의 이용 교미교란 페로몬의 이용은 아직 연구 개발단계이나 사과, 배, 복숭아 등 과수에서 주로 해충 발생은 적으나 피해를 심하게 주는 심식나방이나 잎말이나방의 방제에 이용되고 있다. 교미교란 페로몬의 이용의 조건은 표1~3와 같이 사용에 제한 사항이 많다. 페로몬에 의한 해충 방제는 밀도가 낮으나 피해가 큰 관건 해충을 대상으로 하고 있다. 농약 중심의 해충 방제는 약효 기간이 길고 여러 종의 해충을 죽이는 유기인계나 피레스로이드계 농약이 관건 해충을 잡는 우수한 농약이었다. 그러나 이들 농약은 천적에 아주 나쁜 영향을 주지만 다른 방제 대안이 없기 때문에 어쩔 수 없이 사용해 왔다. 앞으로 페로몬이 이들 농약을 대체하여 관건해충을 방제할 수 있을 것으로 기대하고 있다. 이들 농약의 절감은 그동안 사라졌던 많은 천적을 되살리게 할 것이다. 천적을 되살려 살충제를 절감하는 성공사례는 선진국에서 많이 볼 수 있으며, 우리나라에서도 사과 IPM시범 사업을 통하여 실천하고 있다. P115 하단 좌측 사진은 예찰 또는 대량 유살용 성페로몬 트랩이고, 오른쪽 사진에 구부려 놓은 끈 같이 보이는 것은 교미교란용 페로몬 방출기다. 시설채소작물에는 일본에서 배추좀나방 등이 방제에 이용하고 있다. 우리나라에서도 고추에서 담배나방 방제 연구를 수행하고 있으며 조만간 실용화될 것으로 기대되고 있다.

표 1~3 교미교란 페로몬 이용이 적합한 대상 해충과 조건

항 목	대상 해충 또는 지형
밀도가 낮으나 피해가 큰 해충	복숭아순나방,복숭아심식나방,담배나방
약제 저항성이 큰 해충	배추좀나방,파밤나방
이동성이 작은 해충	복숭아순나방
상승 기류가 적은 곳	분지
바람이 적고 넓은 지역	안개가 많은지역
바람이 적게 부는 장치가 있는 장소	방풍림이나 건물에 둘러싸여 있는 곳

대량 포획용 성페로몬 트랩

교미 교란용 페로몬 방출기(줄에 감긴 것)

노지재배에서 천적 보호

01 토양, 물, 작물 잔재물의 관리

토양관리 토양관리에는 경작, 유기질 또는 화학 비료주기, pH의 조절 등이 있다. 이런 작업은 작물에 발생하는 해충뿐만 아니라 천적에게도 영향을 준다. 밭갈이를 하면 표토나 토양 속에 있는 해충도 죽이지만 천적도 죽일 수 있다.

물관리 물대기는 토양습도를 높이는 등 여러 종류의 천적에게 좋은 환경을 제공한다. 특히 물대기를 하여 곤충병원성 곰팡이의 활력을 높여 주는 것도 아주 중요하다. 진딧물과 온실가루이 방제를 위한 *Verticillium lecanii* 의 병원균 포자 발아에는 습도가 중요하다.

작물 잔재물의 관리 많은 작물에서 수확 후 잔재물은 밭갈이를 하거나 불에 태워서 처리한다. 이러한 농법은 확실한 이점도 있지만, 다른 한편으로 작물의 잔재물을 없애 버리는 것은 다음 작물의 재배를 위해 토양 표면을 깨끗이 하는 전통적인 방법 이상의 기능은 없다. 어떤 경우에는 작물 잔재물이 해충의 천적 보호에서 중요하다. 토마토에서 온실가루이좀벌을 방사하고 아래 잎을 따내서 밖으로 버리면 그 잎 위에 붙어 있는 천적도 함께 버리는 상황이 된다. 환경농업을 위해서는 깨끗한 농사(clean farming: 잡초와 작물 잔재물이 없는 농업)는 원칙적으로 해서는 안 된다.

02 작물재배 패턴 이용

사과, 포도와 같은 작물과는 달리 일년생 작물은 토양의 비옥도를 높이거나 해충의 발생을 억제하기 위하여 작물 재배 패턴을 변경할 수 있다. 즉, 일년생 작물은 쉽게 천적의 활동을 높일 수 있는 작형으로 바꿀 수 있다.

천적 발생을 도모하는 작물재배 사과, 감귤과 같은 영속적 작물은 여러 해 동안 같은 장소에 있게 된다. 이러한 안정성은 생물적 방제를 촉진한다. 영년생 작물은 만족할 만한 수준으로 해충의 밀도를 유지하거나 억제할 수 있어 천적이 너무 늦게 찾아오는 일년생 작물에서 발생하는 시차(time lag) 문제가 없다. 일년생 작물 주변에 안정성이 높은 영년생 작물이 있으면 천적은 초기부터 영년생 작물에서 일년생 작물로 들어 올 수 있어 생물적 방제가 용이하다.

일부 포장은 주 작물보다 조기 재배하여 일찍 주 작물에 천적을 발생시킬 수 있다. 그림 2-2는 시설 하우스에서 주 작물인 가지 재배보다 1개월 전에 수박 1주를 재배하고 여기에 목화진딧물을 발생시킨 다음 콜레마니진디벌을 접종하여 수박에서 천적인 진디벌을 발생하게 하여 가지에 발생하는 복숭아혹진딧물을 방제에 성공한 장면이다. 수박에 발생하는 목화진딧물은 가지에 피해를 주지 않으며 목화진딧물을 기주로 하여 발생하는 진디벌은 가지에 발생하는 복숭아혹진딧물에 기생한다.

Vorley 와 Wrantten(1987)은 약간의 포장은 가을 재배에 앞서 일찍 파종을 하여 월동하는기생된 진딧물을 확보하므로 진딧물의 생물적 방제방법을 개선하였다.

그림 2-1 숲으로 둘러싸인 시설 고추 하우스 천적은 숲에서 시설작물로 이동한다.

그림 2-2 주 작물(가지)보다 수박 한 포기를 조기 재배하여 진딧물 방제에 성공한 농가포장.

이들 월동 진딧물에서 출현한 진디벌은 조기에 출현하여 늦게 파종한 포장에 정착하였다. 경작면적의 4%만이 조기 재배에 필요하다. 새로운 작물은 오래된 작물 가까이 파종하여 좀더 빨리 천적을 정착시킬 수 있다. 새로운 파종은 오래된 작물이 수확되기 전에 하기도 하고, 오래된 작물이 수확된 곳에서는 수확 잔재물은 천적이 나와 정착할 때까지 기다렸다가 치운다.

넓은 면적이 짧은 기간에 수확되면 그 속에 있는 천적은 먹이 부족으로 살아남을 수 없다. 수확방법은 좁은 면적으로 나눠 실시하는 줄 수확(strip-harvest)이 바람직하다.

간작(intercropping)은 같은 장소에 한 종류 이상의 작물을 동시에 재배하는 것이다. 작물 다양성 전략은 작물에 정착한 해충 발생을 저지하거나 낮추는 데 있다. 작물은 완전히 혼합하거나 엇갈려 줄 재배하기도 한다. 간작은 식물다양성(vegetational diversification)을 높이는 것이다. 식물 다양성은 이론적으로 2가지의 유익한 효과가 있다. 하나는 해충이 작물을 발견하기 어렵게 만들고, 다른 하나는 천적의 활동을 높이는 것이다.

03 비 재배작물의 조작

휴경지 또는 작물 재배 인접지역은 생물적 방제에 영향을 줄 수 있다.

피복작물의 재배 효과 작물 재배 장소에서 천적의 활동을 강화할 수 있는 것 중의 기본은 잡초와 피복작물 재배다. 피복작물을 아무 것도 심지 않은 것과 비교할 때, 토양온도를 낮추고, 상대 습도를 높이며, 이용할 수 있는 물을 더 보존한다. 지표면은 딱정벌레, 반날개, 무당벌레, 꽃등에 등 천적에게 서식장소를 제공한다. 피복작물은 천적의 활동을 조장하여 해충의 밀도를 낮추기도 한다. 피복작물은 영양이나 습도에 대하여 주 작물과 경쟁을 하여 수량을 떨어뜨리기도 하므로 피복작물의 종류와 파종밀도는 좀더 면밀하게 검토하여 지역 특성에 맞게 선정해야 한다.

과수작물에서 피복작물은 주 작물인 과수와 경쟁이 되지 않기 때문에 좀더 널리 이용되고 있다. 나무에서 피복작물은 응애와 진딧물 천적의 활동을 높일 수 있다. 초생재배를 하면 잎응애나 진딧물은 문제가 되지 않는다,

우리나라에서는 과수원 토양의 물리성을 개량할 목적으로 호밀을 재배하고 있다. 토양개량 효과 이외에 호밀 재배는 과수원에 발생하는 진딧물 발생을 줄일 수 있다. 호밀에 발생하는 보리두갈래진딧물은 벼과작물에만 가해하며 원예작물에는 발생하지 않아 원예작물에는 피해를 주지 않는다. 보리두갈래진딧물을 먹고 사는 진디벌은 호밀뿐만 아니라 원예작물에 발생하는 진딧물에도 기생하여 진딧물 발생을 억제한다. 그림 2~3은 배 과수원에서 초생재배를 하여 천적을 발생시켜 진딧물과 점박이응애 밀도를 경제적 피해 수준 이하로 낮춘 농가의 포장이다.

그림 2-3 배 과수원에서 피복작물 이용.
피복작물재배는 과수에 발생하는 해충의 밀도를 경제적 피해 수준 이하로 낮춘다.

농경지 주변 잡초 이용 논둑이나 밭둑의 잡초는 천적이 살수 있는 서식처인 동시에, 천적에게 먹이를 제공하는 장소가 된다. 논에 농약을 살포하였을 때, 논에서 살아남은 천적은 먹이를 논둑에서 구할 수 있다. 또한 논둑은 살아남은 천적의 은신처가 되어 준다. 논둑에 발생하는 잡초에 사는 해충들은 벼메뚜기와 섬서구메뚜기를 제외하면 대부분 경제적 피해를 주지 않는다. 따라서 논둑 잡초는 벼에 지장을 주지 않을 정도라면 제초제를 살포하거나 풀베기를 하지 말고 그냥 두는 것이 좋다.

그림 2-4는 밭둑의 잡초를 그대로 놓아 두어 잡초에 발생한 천적이 포도나 채소작물로 이동하여 밭작물에 발생하는 해충 방제에 이용될 수 있는 모델을 제시한 것이다. 초식자는 기주 특이성이 높아 잡초에 발생하는 곤충이 밭작물에 발생할 가능성은 높지 않은 반면, 천적은 기주 전환 가능성이 높아 잡초에 발생하는 곤충은 천적의 먹이 자원으로 이로움을 주기 때문에 제초는 나쁘다.

**그림 2-4 비 경작지에서 천적의 역할.
비 경작지의 식생은 천적의 서식처가 되고, 농약 살포시 피신처 역할을 하며, 생물종다양성을 높인다.**

천적

진딧물의 천적을 유인하는 식물로는 망초, 개망초, 무궁화, 보리, 메꽃, 소리쟁이 등이 있다(그림 2-5). 총채벌레의 천적을 유인하는 식물은 토끼플, 민들레가 있다. 나방류의 천적인 고치벌이나 맵시벌은 꽃이 피는 식물에 많이 유인된다.

오이, 참외, 수박, 멜론 등 박과작물에 발생하는 목화진딧물은 다른 식물(잡초)에는 거의 발생을 하지 않으며, 잡초에는 복숭아혹진딧물 등 박과작물에는 전혀 발생하지 않는 진딧물이 발생하므로 박과작물 시설에서 발생하는 잡초는 진디벌, 곤충기생균, 포식자의 발생원으로서 뱅커플랜트 역할을 한다.

그림 2-5 소리쟁이에 발생한 복숭아혹진딧물.

인접지역에서 작물 재배 작물의 인접지역에서 작물 재배는 꿀과 꽃가루 같은 먹이 자원을 제공하여 주기 때문에 천적에 이롭다. 이러한 재배는 감로와 같은 탄수화물을 제공하는 진딧물과 같은 절족동물의 서식처가 된다. 작물 재배지역과의 경계에서 절족동물은 포식자의 먹이가 되거나 또는 기생자의 기주가 된다. 야생 꽃에서 꿀은 여러 종류의 벌목 곤충의 먹이가되며, 그런 꽃이 많으면 기생률이 높아진다.

인접지역에서 작물을 재배할 때 주 작물과 인접지역 작물의 선택은, 가능한 한 식물의 유연관계가 멀어 해충 발생 종류가 달라서 인접작물로 해충이 이동하는 피해를 줄이면서도 천적은 두 작물에 동시에 발생함으로써 작물간 이동으로 주 작물에서 해충 방제 역할을 할 수 있는 것으로 한다.

04 먹이나 은신처 제공

천적의 생존과 증식을 위하여 직접 먹이나 은신처를 제공할 수 있다. 이것은 상대적으로 비싸지 않아야 하며 자재와 노동 비용을 보상할 수 있을 정도로 해충의 사망률을 높여야한다. 천적은 활동하기 위해 탄수화물이 필요하며 자손 생산을 위해 단백질을 필요로 한다. 자연생태계에서 탄수화물은 먹이나 기주체액, 감로, 식물의 즙액(nectar), 설탕에 있는 다른 물질에서부터 얻는다. 이런 물질이 부족하면 인위적으로 제공할 수도 있다.

가지에 발생하는 총채벌레를 방제하기 위하여 이랑에 쌀겨와 밀기울을 놓아 천적(오이이리응애)의 먹이가 되는 가루응애를 발생하게 하고 여기에서 이리응애가 증식하도록 하여 가지의 총채벌레 방제를 하고 있다.

대량증식 천적 이용

천적이 없을 때, 또는 천적이 해충을 방제하기에는 너무 늦게 발생하거나 그 수가 적을 때에 사육한 천적을 방사하게 된다. 이러한 것을 대량 증식(augmentation) 이용이라고 하며, 민간기업이나 정부의 지원으로 이루어지고 있다. 대량 생산 천적 이용은 영속적으로 천적의 정착이 어려운 시설이나 천적이 없는 곳에서 사용하게 된다. 천적이 없는 경우에는 대상 해충의 원산지에서 천적을 도입하여 영구적으로 정착시키는 방법을 사용한다. 영속적 정착이 어려운 경우에는 도입 천적의 대량 증식을 이용하여 토착 천적의 역할을 도울 수 있게 한다. 방사된 천적의 자손까지 이용하는 증식을 접종증식(inoculative augmention)이라 하고, 방사된 천적의 자손은 이용하지 않고 방사한 당 세대만을 이용하는 것을 대량증식(inundative augmentation)이라고 한다.

01 방제인자 선발

증식을 통한 생물적 방제의 첫 단계는 대상 해충의 밀도를 억제할 수 있으며, 대량 생산이 가능한 천적을 선발하는 것이다. 대량증식 프로그램에 이용된 천적은 정착하여 대상해충을 공격할 수 있어야만 한다. 세계적으로 수백 종의 해충이 있으며, 이 중 극히 일부의 천적이 조사되었다. 대량증식 생물적 방제를 확대하기 위해서는 해충의 천적에 관한 많은 정보를 갖고 있어야 할 필요가 있다.

많은 생물적 방제인자는 그 특성이 다양하다. 어떤 종은 어느 해충 방제에 아주 효과적이지만 그 종과 유사한 다른 종에는 방제 효과가 전혀 없는 것도 있다. 특성의 분화는 기주선호성, 증식물, 기후에 대한 내성 등의 영향에 기인한다. 종 내에서도 휴면에 필요한 일장반응(Havelka and Zemek 1988), 기생력(Pak and van Heiningen 1985),약제에 대한 저항성(Rosenheim and Hoy 1986; Inoue et al. 1987)과 같은 특성에 차이가 있는 것이 알려져 있다. 유용한 천적을 선택하기 위하여 실험실에서의 검정이 필요하다. 높은 기주 특이성이 있는 것은 일반적인 것보다 더 우수하다.

대상 천적은 실험실에서 대량 생산이 가능한 가를 먼저 검정할 수 있다. Van Lenterenand Woets(1988)는 계절별로 천적을 선발하기 위한 계획을 발표하였다. 검정 계획은 여러 단계가 있다. 1단계는 그 종(種)이 대상해충 방제에 어떠한 부정적인 면을 갖고 있는 가를 평가한다. 2단계는 그 종이 대상해충에서 성충까지 발육하는 가를 조사한다. 3단계는 그종이 작물에 있는 해충을 공격하고 그 장소에서 성공적으로 발육하는가를 조사한다. 4단계는 대상 천적이 대상 해충보다 증식률이 높아야 한다. 그리고 같은 환경에서 다른 익충을 공격하지 않아야 한다. 대량증식방법(inundative manner)은 땅 속에 있는 유충을 방제하는 데는 다소 부적합할 수도 있다. 대량증식 방사(inundative release)는 기주를 모니터링하여 방사시기를 결정할 수 있으므로 대상 기주가 발생하고 천적이 뒤따라오는 현상은 본질적으로 없다. 이와 반대로 접종적 방사(inoculative release)는 기주 탐색력과 출산에 관한 정보를 갖는 것이 중요하다.

결론적으로 특별한 사용에 특별한 천적 후보종이 우수하다는 것의 증명은 포장조건에서 후보 천적을 검정해야만 한다. 어느 종의 효과는 작물, 작형, 지역에 따라 다를 수 있으므로 해당지역에서 대상작물에서 검정을 해야 한다.

02 품질

대량 생산하게 되는 천적은 이들이 만족할 정도로 임무를 수행하려면 적절한 품질을 갖추어야 한다, 품질에 영향을 주는 것은 (1) 상업적으로 생산하는 동안 최초 사육집단의 품질 확보, (2) 상업적 생산조건에서 품질을 유지하기 위한 사육과정,(3) 천적의 품질을 개선하기 위한 유전적 선발방법 등이 있다.

최초 사육집단의 품질 확보 증식 프로그램에 사용되는 천적은 대표적인 기후와 농업조건에서 대상작물의 대상해충에 대하여 어느 정도 받아들일 만한 품질을 갖고 있어야 한다. 목적한 바에 적합하도록 선택하려면, 유전적 다양성이 있는 크고 건전한 기본 집단을 얻어야 하고, 병원균과 중기생자(hyperparasitoids), 기타 오염물이 없어야 하며, 번식을 잘 하는 것이어야 한다. 건전한기본집단이면 생산의 품질은 상업적 생산을 하는 동안 유지시켜야 한다.

상업적 생산조건에서의 품질 유지 효율적으로 사육을 하는 조건과 최고의 품질을 유지하는 조건과의 차이는 분명히 있다. 실험실의 것과 본래의 것과는 차이가 있다. 품질 유지에는 유전성, 영양, 오염 방지, 기주나 먹이의 화학물질 접촉 금지 요인이 관여한다.

▶**유전성** 사육 중에 품질을 떨어뜨리는 것으로는 자식열세(inbreeding depression), 절손(drift), 선발(selection)의 3가지가 있다(Mackauer 1972; Roush 1990). 앞의 2가지는 집단이 작을때 나타나고, 마지막은 집단의 크기와 상관없이 나타난다. 자식열세는 열성 형질이 있는 자손이 동질성이 높아질 때 근친교배를 하여 나타나며, 임의교배하는 집단에서 집단이 작을 경우에만 나타난다. 작은 집단에서 절손은 어떤 대립유전자가 우연히 다음 세대에 전사될 때 이 대립유전자가 없어져서 나타난다. 절손과 자식열쇠와 달리 선발은 야외환경에 대한 적합성이 떨어지고 실험실조건에서 유사성 선발이 일어난다. 상업적 집단에서 일어나는 적응의 유형은 사육하게 되는 집단의 생물적 특선과 물리적, 화학적 조건에 의존하다. 대표적으로 대규모 사육은 사육밀도가 높고, 비행조건이 나쁘고, 비 자연적 먹이를 이용하고, 비 자연적 광 조건 등의 상업적 집단에서 기주는 발견하기 쉽고, 기생자는 감소된 비행력에서 선발되며, 보행 속도는 느려진다. 품질이 모두 유전적인 것은 아니다. 질병이나 부적합한 영양분과도 관련이 있다. 품질 저하가 유전적 선발에 의하여 이루어지는지 여부를 결정하는 것은 야생의 것과 교배해 보면 알 수 있다. 문제가 유전적인 것에 있다면 자손은 좀더 나은 특성을 보인다. 선발효과의 치료는 상업적 집단에 야외집단을 주기적으로 넣어 줌으로써 이루어진다 (Roush 1990). 그러한 개체는 자연에서 채집하거나 알이나 번데기로 오랫동안 저장한 것중에서 사용할 수 있다. 야외 집단을 이용할 때는 나쁜 야외종이 침입할 수도 있고, 질병에 감염될 위험도 있다.

▶영양 상업적으로 천적을 생산하기 위한 먹이나 기주는, 생산하게 될 천적의 크기, 활력, 출산력, 성비, 기주탐색능력에 영향을 준다. 천연 사료는 활력 있는 천적 생산을 위해 최고의 사료라고 추정된다. 최고의 사료를 제공하지 못할 때 이리응애는 화분, 곰팡이, 또는 대체먹이 응애와 같은 것에서 추가 먹이를 얻기도 한다. 천연 사료나 먹이의 이용은 엄청난 비용이 들 수 있고 상업적으로도 이용하기 어려울 때가 있다. 이러한 문제로 인공사료로 대체하여 천적을 사육, 생산하기도 한다. 대체사료를 이용하여 생산한 것은 자연 먹이나 기주를 사용한 것과 차이가 있는지 조사해야 한다. 채소사료 (콩의 꽃가루)를 이용해서 사육한 이리응애(*Amblyseius potentillae*)는 점박이 응애를 먹이로 하여 사육한 것에 비하여 applerust mite에 대한 포식력이 감소했다(Dicke er al. 1989). 이와 반대로 6년 동안 인공사료로 사육한 *Geocoris punctipes* Say는 야생의 것과 비교해 기주탐색력에서 전혀 차이가 없었다 (Hagler and Cohen 1991). 일반적으로 사료는 여러 세대 동안 사육한 천적에 크게 영향을 준다. 품질 저하 여부는 주기적으로 야외의 것이나 저장한 것과 비교하여 조사한다.

▶오염방지 사육하는 동안 다른 종류에 오염되기 쉽다. 높은 밀도의 사육은 전염성이 있는 병원균이 접촉하기 쉬워 배지에 침입할 수 있다. 야생 개체를 상업적으로 생산하는 집단에 넣을 경우 병원균에 감염되기 쉽다. 예를 들어 나비목에서 과립 바이러스는 야생 나비의 유충이나 그 기생벌(*Cotesia rubecula*)을 도입할 때 쉽게 감염된다. 사육집단은 중기생자가 침입하여 병원균을 감염시킬 수도 있다. 중기생자는 진딧물무당벌레와 같은 천적을 사육할 때에도 침입할 수 있다. 사육상자를 잘 만들어 그와 같은 오염원이 침입하지 못하도록 해야한다. 그 외에도 다른 종이 침입해 교미를 하는 경우에 생기는 교잡오염(cross contamination)도 있을 수 있다.

▶먹이나 기주로부터 화학물질 감지 기주나 먹이와 관련된 화학물질은 천적에게 중요한 정보가 될 수 있다(Ver and Dicke1992). 만약 천적이 인공사료나 대체기주에서 사육되면 사육조건은 기주의 화학물질과 접촉할 기회가 전혀 없다. Anagast Kuebniella에서 사육된 *Trichogramma barssicae*는 본래 기주가 아닌 기주 (*Ostrinia nubilalis*)에서 사육한 것이 원 기주인 O. nubilalis에서 사육한 것보다 덜 효과적이었다. 대체기주를 이용해서 사육한 것은 포장조건에서 효과가 떨어질 수 있다. 천적을 방사하기 전에 대상 해충에 접촉시켜 감지 능력을 높일 수 있다.

▶품질관리 모니터링 사육기간 중 천적의 규칙적인 품질평가는 생산의 기본이다. 사육하는 과정에서 문헌에 있는 원래의 특성에 대하여 시기적으로 조사해야만 한다. 사육하는 것은 저장중이거나 야외에서 최근 체집한 것과도 비교할 수 있다. 특성 비교는 유리온실 검정에서 전체를 할 수도 있고 보행속도와 같은 특별한 행동을 측정 할 수도 있다. 예를 들어 *Ostrinia nubilalis*에 이용하고자 사육한 Trichogramma는 생산집단에 대하여 유리온실에 그 알덩어리를 식물위에 놓고 조사할 수 있다. 그 때 사육의 품질은 벌이 옥수수 식물까지 날아가서, 기주 알을 발견하고 ,산란한 뒤 성공적으로 벌육하는가를 조사한다 (Bigler 1994). 여러 가지 방법(일정 시간에 식물까지 도착한 벌의 수, 알무더기를 발견한 수, 알을 공격한 비율, 기생된 알에서 성충으로 출현한 벌의 비율)을 이용하여 원래 사육했던 집단과 비교할 수 있다. 온실작물의 해충에 대한 많은 천적의 품질검사가 개발되었고 이들 검사는 품질 모니터링에 정기적으로 반영된다.

유전선발을 통한 천적 개량 유전선발은 그 종의 기본적인 생물적 특성에 손상을 일으키지 않으면서 바람직한 방법으로 일정 특성을 바뀌거나 강화하기 위한 것으로 천적에 응용할 수 있다. 유전선발을 통하여 선충에서는 이동과 기주탐색능력을 높였고 (Gaugler et al. 1989), 휴면 특성을 바꿨다(Weseloh 1986). 그 외에 한 개 이상의 농약에 대한 저항성을 갖는 것이 선발되었다 (Roushand Hoy 1981; Hoy and Standow 1982; Markwick 1986; Grafton-Cardwell and Hoy1986; Hoy and Cave 1986). 유전적으로 선발된 천적은 포장에 방사된 후 다른 종의 천적에 의하여 바뀔 수도 있고 다른 천적과 교잡할 수도 있다. 농약에 저항성이 있는 천적의 사용은 농약을 사용하면서도 작물을 재배할 수 있어서 생물적 방제를 확산시킬 수 있다.

03 비용

사육비용 상업적으로 천적 사육은 사육된 천적의 판매 가치면에서, 사육 시스템의 생산성이 상대적으로 자본, 노동, 원자재의 비용에 비하여 높을 때 농약과 경쟁이 된다. 생산비는 대량 생산에 의한 투자효율을 높이는 것과 동시에 원자재비를 낮추고, 값싼 대체물질을 찾거나 사육공정을 자동화하여 낮출 수 있다.

▶자연사육 시스템 자연사육 시스템은 천적이 자연기주나 먹이를 이용해서 생산되고, 기주나 먹이도 보통식물에서 사육하는 것이다. 점박이응애를 이용한 칠레이리응애의 대량 생산은 성공적이었다(Fournier et al.1985). 이와 유사하게 다른 이리응애도 자연 시스템을 이용하여 생산된다(Friese et al. 1987). 온실가루이좀벌도 자연사육 시스템을 이용하여 생산한다. 그 외에 잎굴파리, 총채벌레, 깍지벌레, 진딧물, 가루깍지벌레의 기생자나 포식자도 이 방법으로 생산한다. 그러나 이 방법은 식물재배에 노동비가 많이 들어 화학적 방제에 비하여 경쟁력이 떨어지고, 작물 생산성에 비하여 천적 이용 비용이 크다. 이 시스템에서 식물은 천천히 자라고 비용이 많이 들거나 밀식재배하면 동족 포식이 일어나거나 식물병 발생이 많다.

▶대체사육 시스템 사육시스템에서 식물이나 초식자 대신 값싼 대체물을 찾으면 비용을 절감할 수 있다. 예를 들어 알벌에서 보통 대체기주는 *Anagasta kuehniella*또는 *Sitotroga cerealella*와 같은 저작곡류에 발생하는 나방의 알을 이용하여 싼값으로 쉽게 생산할 수 있어 많이 이용된다. 이들 곤충은 큰 용기에서 값싼 곡식으로 포트에서 식물을 재배하여 생산하는 시스템에 비하여 적은 노력으로 생산할 수 있다. 노동비를 절감하기 위한 대체사육 시스템으로의 전환은 사육 공정과 재료를 기계로 조작할수록 더 커졌다. 기생자가 기주해충으로 사육한 것 중에서 기생이 안 된 기생자를 방사할 때의 문제는 포장에 해충을 방사하게 된다는 점이다. 따라서 기생이 안 된 것은 자외선, 방사선, 열, 추위(Barton and Ster 1970; Brower 1982; Goldstein et al.1983)또는 기계적 분리(물에 띄우기,솔질, 체로 치기)를 통하여 죽인다. 포장에서 이용되는 먹이와 기주는 사육되는 것과 다를 수 있다. 인공사료에서 생산되는 기생자는 기주에서 나오는 카이로몬이 없어 기주 발견에 실패할 수 있다. 그러한 경우 사료에 건조한 기주식물을 첨가해 주어 카이로몬의 활성을 회복시킬 수 있다. 포식자의 사육은 살아 있는 먹이 대신에 음식을 제공하여 좀더 효율적으로 생산할 수 있다. *Lygaeid bug(Geocoris punctipes)* 생산에 간과 쇠고기가루가 들어 있는 고기 사료를 이용하여 곤충 1,000마리당 0.63달러의 비용을 들여서 생산하였다(Cohen 1985). 포식성 응애(*Amblyseius teke Pritchard and Baker*)를 벌꿀,계란 노른자,Wesson' salt, 물이 들어간 사료로 생산하였다(Ochieng et al. 1987). 대체 사료를 이용한 알 기생자의 사육을 위해서는,첫째 발육에 적합한 사료의 개발, 둘째 인공사료에 산란하도록 하는 화학적 자극이 있는 막(membrane)의 개발과 더불어,셋째 인공사료에서 생산된 기생자의 포장 효과시험이 선행되어야 한다.

화학농약과의 경쟁 사육한 천적의 비용은 천적을 이용하여 보호된 작물생산의 가치와, 그리고 농약과 같은 다른 해충 방제수단과의 경쟁을 비교하여 판단해야 한다. 남아프리카에서 감귤 해충 방제에 알기생자 (Trichogrammatoidea cryptophlebiae Nagaraja)의 방제효과가 54~60%뿐이라고 해도 경제적이다. 왜냐하면 농약과 경쟁하여 1/3정도의 비용만이 소요되기 때문이다(Newton and Odendaal 1990). 서유럽 토마토 재배에서 천적은 다른 모든 해충(가루이,잎응애, 총채벌레, 잎굴파리) 방제에 농약보다 비싸지 않다(van Lenteren 1989). 어떤 경우에는 사회 정치적 요소가 생물적 방제와 화학적 방제의 선택에 주요 요인으로 작용하기도 한다. 화분 매개곤충이 필요할 때 천적이 사용된다.

작물의 가치와 방제 비용 천적 구입 비용이 크면 천적 사용은 해충의 피해가 심한 고소득작물로 제한될 수밖에 없다. 미국 매사추세츠에서 카란베리는 연간 헥타르당 11,000달러의 소득이 있었으며, 재파종 비용은 헥타르당 80,000달러를 초과한다. 뿌리바구미가 심하게 발생하여 이 해충 방제에 필요한 천적 구입에 헥타르당 600달러를 사용할 수 있었다. 이와 반대로 매사추세츠에서의 감자 재배는 헥타르당 단지 400~600달러의 이득밖에 없어 천적을 구입할 여력이 없었다. Trumble and Morse (1993)는 캘리포니아 딸기 재배에서 점박이응애 방제에 칠레이리응애를 사용하는것과 농약을 사용하는 것을 비교한 결과, 두 가지를 결합하여 사용하는 것이 가장 경제적이라는 것을 확인하였다.

▲ 점박이응애 성충

▲ 점박이응애 암컷성충

▲ 점박이응애 유충 약충 알

▲ 점박이응애 휴면 암컷성충

04 저장과 선적

저장은 1년 중 몇 달만 필요할지 모르는 천적 생산을 연중할 수 있도록 하므로 아주 중요하다. 효과적으로 저장할 수 없으면 천적이 필요한 시기에 많이 생산해야 하고, 필요 없을 때는 생산을 중단해야 한다. 천적의 저장이 가능하면 사육시설을 천적 수요가 없는 시기에도 생산에 사용할 수 있어 연중 일정 수준으로 천적 생산이 가능하게 한다. 여러 종의 천적을 생산하여 연중 생산이 가능하다. 몸집이 큰 천적(기생자,포식자)은 상대적으로 선충이나 미생물에 비하여 저장이 잘 안된다. 저온은 천적을 오랫동안 저장할 수 있게 한다. 종에 따라서 저온, 상대습도, 일장 등 저장하게 되는 조건이 다르다. 무당벌레인 *Synonycha gradis* Mulsant는 18~20℃ 에서 5개월 동안 저장이 가능했다(Deng et al.1987). 진딧물의 포식자인 진디혹파리는 1℃ 에서 2개월 동안 저장해 사망률이 10% 미만이었고, 5℃ 에서는 10일간 저장할 수 있었다(Gilkeson 1990). 월동하는 벌레는 월동하지 않는 것보다 장기간 보관할 수 있다. 풀잠자리 성충은 5℃ 에서 31일간 보관해도 사망률은 아주 낮다(Tauber et al. 1993). 월동하는 *Trichogramma evanescens* Westwood는 거의 1년간 저장할 수 있다. 그러나 활동하지않는 *Trichogramma minutum*은 단지 1~2일간 저장한다 (Laing and Eden 1990). 포식성 응애 *Amblyseius cucumeris*는 9℃ 에서 10일간 저장하며 생존율은 63%였다(Gillespie and Ramey 1988).

안전하게 소비자에게까지 도착하기 위하여 선적할 때에 용기는 습도 유지와, 추위나 더위에 안전하도록 보온봉지나 저온봉지를 넣는다. 가능한 한 신속하게 소비자에게 도착하도록 해야 한다.

05 이용방법

좋은 품질의 적합한 천적이 생산되어 사용자에게 전달되고 나서 이들 천적의 효과를 극대화하기 위하여 이용 시스템이 필요하다. 천적을 언제 이용할 것인가는 표적해충의 발생에 예찰용 트랩을 사용하고 있다. 예를 들어 캘리포니아 아보카도와 감귤 재배에서 페로몬 트랩으로 알벌의 이용 시기를 결정한다(Ano, 1987).또한 미국 캘리포니아 감귤 재배에서 Califonia red scale을 방제하기 위하여 *Aphytis melinus* 방사시기는 페로몬 트랩과 육안조사로 한다(Philips 1987). 적합한 방사시기 결정은 해충의 특정 발육단계에만 공격을 하고 천적의 수명이 짧기 때문에 아주 중요하다. 예를 들어 기주 산란이 3~4주간에 걸쳐 된다면 알 기생자는 겨우 며칠밖에 살 수 없으므로 천적의 투입은 여러 차례 이루어져야만 한다.

천적의 방사는 물리적으로 피해가 없이 고르고, 빠르게, 저 비용으로 이루어져야 한다. 방사는 손으로 또는 온실가루이좀벌이 있는 카드를 식물에 놓아 하기도 하고, 기계로도 한다. 포식이리응애 방사는 응애가 같이 들어 있는 밀기울을 손으로 뿌리거나 또는 입제농약 살포기로 처리한다. 산림에서 알벌의 방사는 기생된 알이 있는 판지를 나뭇가지 위에 얹어놓거나(Houseweart et al. 1984), 또는 작은 종자파종기를 이용하여 비행기에서 뿌린다(Hope et al.1990). 프랑스에서는 알벌을 방사하기 위해 캡슐을 개발하였다. 캡슐은 발육단계의 천적을 보호한다. 캡슐에 구멍을 뚫어 놓아 성충이 되면 이 구멍으로 탈출하도록 하는 구조다.

천적 방사에서 고려할 하나의 사항은 천적 방사 전에 기주 또는 기주 자극에 노출할 필요가 있으며, 방사는 아침이나 저녁에 하는 것이 좋다. 이렇게 하므로 천적이 외부로 나가는 것을 막을 수 있다. Gross et al(1981)은 벌을 기주 알에 노출시켜서 *Trichogramma Pretiosum*을 다른 곳으로 못 나기게 6배나 억류시켰다. 기주가 오랜 시기 동안 포장에서 공격할 수 있다면 여러 차례 방사할 필요는 없다.

시설작물 해충의 천적

01 진딧물의 천적

진딧물의 천적은 기생자로 콜레마니진디벌(*Aphidius colemani*), 싸리진디벌(*Aphidius giffensis*), 진디좀벌(*Aphelinus abdominalis*), 수염진디벌(*Aphidius ervi*)가 있고, 포식자로 잔디혹파리(*Aphidoletes aphidimyza*), 무당벌레(*Harmonia axyridis*), 칠성풀잠자리(*Chrysopa pallens*), 어리줄풀잠자리 (*Chrysoperle*), 꽃등에(*Eristalomyiatenax*)가 있다. 진딧물은 거의 수컷이 없고, 교미없이 새끼를 낳으며, 알로 낳지 않고 직접 새끼를 낳는 특징을 가진 다른 어떤 해충보다 번식속도가 빨라 방제가 쉽지 않은 해충이다. 이러한 이유로 진딧물 방제에 이용되는 천적 또한 여러 종류가 있다. 예방용으로 진디벌이 사용되고, 밀도가 높을 때는 무당벌레나 어리줄풀잠자리를 이용한다.

콜레마니 진디벌 (*Aphidius colemani*)

진딧물의 천적으로는 목화진딧물이나 복숭아혹진딧물에 *Aphidius colemani* 를, 수염진딧물에 *Aphidius ervi* 를 각각 이용하고, 고온기에 혹파리 종류인 *Aphidoletes aphidimyza* 를 사용한다. 포식자로 풀잠자리 (*Chrysoperla carnea*), 무당벌레(*Harnonia axyridis*)가 이용되고 있다.

콜레마니진디벌 - 성충

진디벌의 산란

기생된 머미

기생된 머미

기생후의 검은색

진디벌의 우화한 흔적

▶형태 고치벌과에 속하는 천적으로 성충은 약간 갸름하며 , 시맥이 분명하지 않고 긴 더듬이가 있으며 체색은 검다. 크기는 기주에 따라 약간 차이가 있지만 약 2mm다. 진디벌은 진딧물 체내에서 알과 번데기 기간을 보내며 성충이 되면 진딧물의 표피를 뚫고 밖으로 나온다. 유충은 4령까지 있다. 성충은 3~4mm이고 체색은 검정색이다.

▶생활사 암컷은 복부를 다리 아래로 구부려 산란관으로 진딧물에 알을 낳는다. 진딧물의 성충과 약충에 다 같이 산란을 한다. 기생된 진딧물은 더 많이 먹고 감로를 분비한다. 기생된 진딧물 성충과 4령충은 산란활동을 계속한다. 이 벌의 유충은 치명적으로 진딧물을 흡즙하지 않는다. 21℃ 에서 기생7일 후에 진딧물을 잎에 고정 시키고 고치를 만들어 진딧물을 부풀린다. 이 진디벌의 산란수는 25℃ 에서 388개로 20℃의 302개보다 많다. 유충의 발육기간은 암컷이 20℃ 에서 12.7일, 수컷이 12.6일이고 25℃ 에서 암컷은10.0일, 수컷은 9.6일이다. 유충 사망률은 20℃ 에서 14.1%, 25℃ 에서 27.8%이고, 머미 사망률은 20℃ 에서 1.5%, 25℃ 에서 6.6일로 사망률은 모두 25℃ 에서 높다. 성충의 수명은 20℃ 에서 5.8일, 25℃ 에서 4.4일 이다. 목화진딧물에서 사육한 콜레마니진디벌은 우화 후 3일 이후부터 사망하는 개체가 나타나기 시작하고, 우화 후 9일 이상 살아남은 개체는 없다. 그 결과 온도별 매일 산란수는 20℃ 에서 우화 1일째에 149.7개, 2일째에 92.7개로, 우화 후 2일 이내에 대부분 산란을 마치고, 5일 이후에 산란하는 개체는 적다. 25℃ 에서도 마찬가지로 우화 1일째에 171.1개, 우화 2일 째에 134.5개를 산란하고, 3일째부터는 산란수가 점점 떨어진다. 콜레마니진벌은 대부분 한 마리의 목화진딧물에 한 개의 알만 산란한다. 간혹 2마리 이상의 진디벌유충이 한 마리의 기주 체내에서 발견되기도 하지만, 그 숫자는 극히 적다.

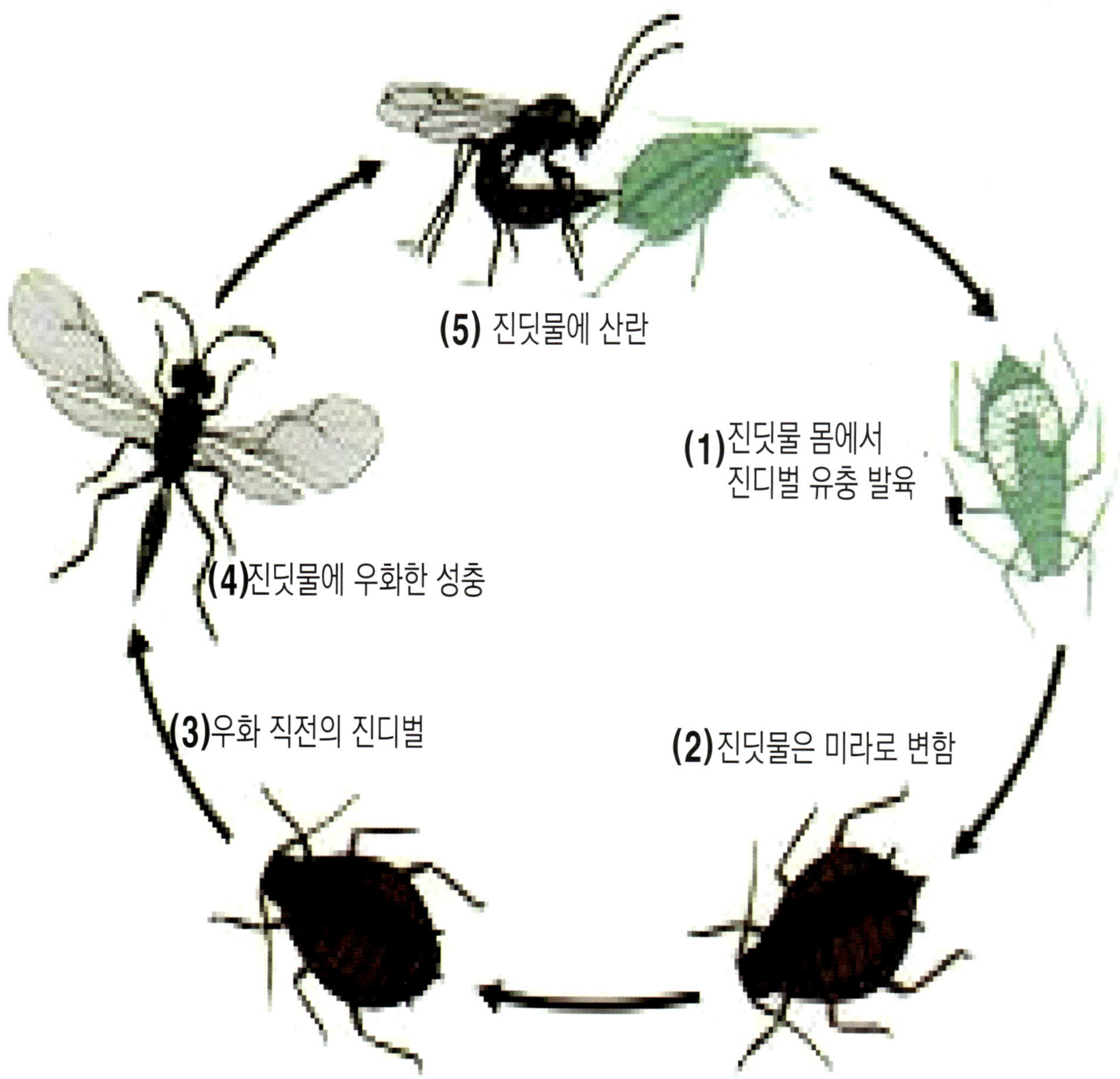

진디벌의 생활사

▶**대상해충과 이용 작물** 복숭아혹진딧물, 목화진딧물 등 40여 종의 진딧물에 기생한다. 그러나 감자수염진딧물 같이 다리가 긴 진딧물은 기생하지 못한다. 이용작물은 채소작물, 화훼작물, 과수 등 대부분의 원예작물에 이용할 수 있다.

▶**이용방법** 진딧물이 발생하기 전에 투입하면 방제 효과가 높다. 진디벌의 최소 방사량은 1주일 동안 ㎡당 0.15마리다. 진딧물이 끈끈이 트랩에 잡히기 시작하면 ㎡당 방사량은 0.5~1마리로 늘려야 한다. 밀도가 높아지면 이 천적만으로는 효과가 떨어지는데 이때는 진디혹파리와 함께 사용하는 것이 효과적이다. 진딧물이 많이 발생하면 무당벌레와 같이 사용하면 좋다. 30℃ 이상에서는 효과가 떨어진다. 이 천적은 여름에는 중복기생봉이 많이 발생하여 효과가 떨어지며, 성충의 수명과 산란기간이 짧아 계속적으로 방사해야 하는 단점이 있다. 진디벌 이용은 주로 천적 유지식물(banker plants)로 이용하는데 이용기간은 10~12주이며, 중기생자(hyperparasites)가 나타나기 전까지이다.

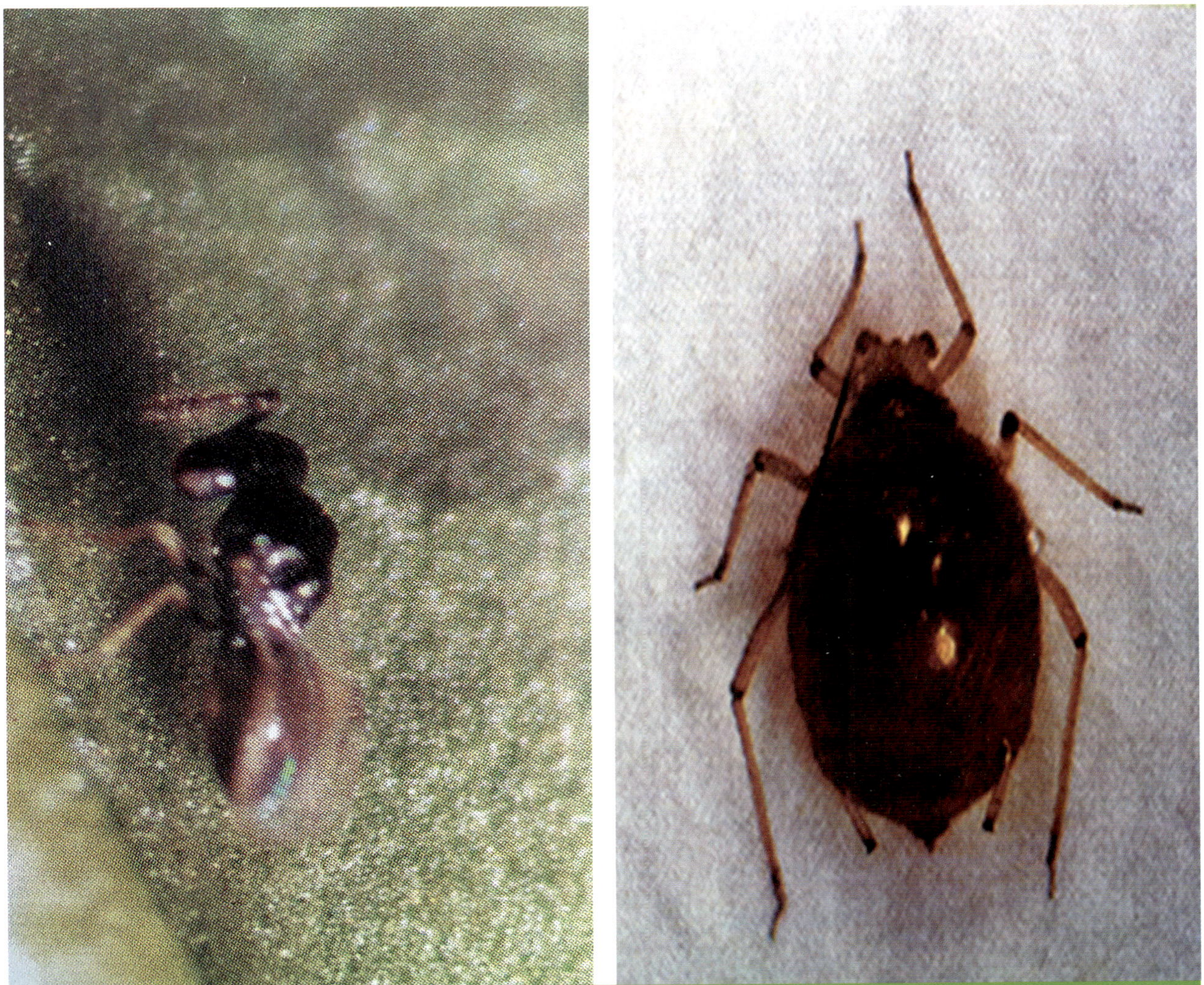

중기생자

▶뱅커플랜트(banker plants)란 화분에 보리를 파종하여 20~30일간 재배한 뒤, 그곳에 화본과식물에만 자라는 보리두갈래진딧물 등을 넣어 증식시킨다. 진디벌을 넣어 진디벌이 계속해서 발생하도록 한다. 즉 천적이 살고 있는 보리 재배화분을 만드는 것이다. 뱅커플랜트는 진디벌 성충의 수명과 산란기간이 짧아 오랫동안 방제 효과를 지속할 수없는 단점을 보완하기 위한 것이다. 좋은 뱅커플랜트란 식물이 살아 있는 상태로 기주곤충이 증식하면서 진디벌이 오랫동안 출현하는 것이다. 좋은 뱅커플랜트는 화분 하나에서 진디벌은 약10주간 약300마리의 성충이 출현한다. 점적핀을 이용한 물을 줄 수 있고, 보리 재배화분에서 보리를 분리하여 땅에 파묻어 관리할 수도 있다.

▶주의사항

◈ 예방용으로 사용한다.

◈ 시설내에서 병마개를 열고 병은 45도 각도로 기울여 나오게 한다.

◈ 병마개를 닫고 성충이 많이 나올 때까지 온실온도에서 보관한다.

◈ 2~4일 후 성충이 거의 다 나오면 다시 방사한다.

◈ 부화되지 않은 성충이 더 나올지 모르기 때문에 온실 내에 병마개를 열어 놓는다.

진디혹파리(*Aphidoletes aphidimyza*)

진디혹파리는 온실 내 진딧물의 생물적 방제에 있어서 중요하다. 이는 파리목, 혹파리과에 속한다. 유충은 식물의 표면에서 대부분의 생활을 한다. 일부 종의 경우 식물에 혹을 만드는 중요한 해충도 있지만 혹파리는 진딧물류, 깍지벌레류, 온실가루이, 응애류와 기타곤충들의 포식자다. 진딧물을 포식하는 혹파리류는 세계적으로 *Aphidoletes*속에 4종, *Monobremia*속에 1종등 모두 5종이 분포하고 있다. 혹파리는 가장 많이 알려진 종으로 몇몇 작물에 수십 종의 진딧물을 방제할 수 있는 것으로 알려져 있다. 1847년에 최초로 발견되었으며 *Cecidomyia aphidimyza*로 명명하였지만 지금은 *Aphidoletes aphidimyza*로 불린다. 현재까지 60종의 진딧물을 기주로 하는 것으로 알려져 있다.

진디혹파리 - 성충

진디혹파리 - 유충

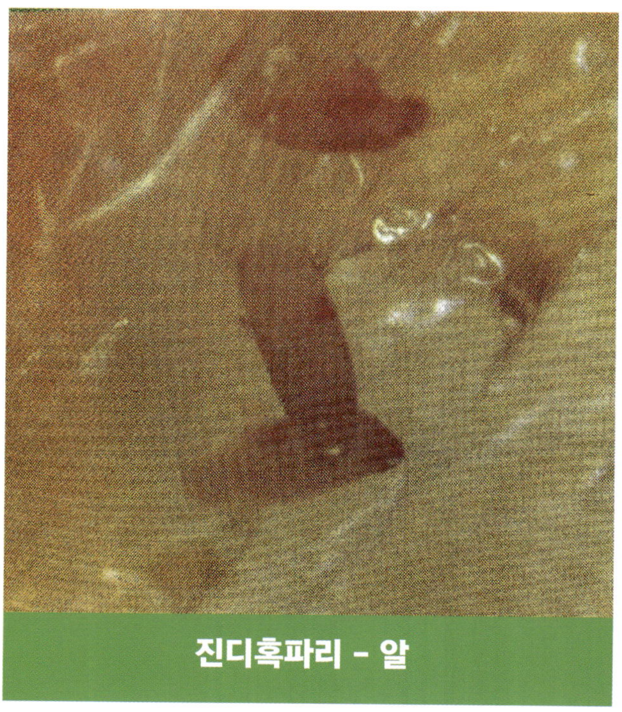

진디혹파리 - 알

진디혹파리

▶생활사 성충은 교미와 산란을 저녁과 해질녘에 한다. 알은 진딧물의 밑이나 옆에 낳는다. 알의 크기는 0.3x0.1mm로 길고 오렌지~적색을 하고 있다. 알에서 깨어난 유충은 0.3mm로 1령 유충은 진딧물 사이에서 찾기가 어렵다. 갓 부화한 유충은 진딧물의 감로를 먹기도 하지만, 건조해지기 전에 재빨리 진딧물을 찾아야 한다. 유충의 색은 오렌지,노란색,빨간색,갈색 또는 회색을 띠는네 이는 위에 차 있는 식물체에 따라 달라진다. 번데기는 토양 1cm 이내에 있으며 이때 난소를 생산하고, 갈색의 고치를 만드는데 가늘고 긴 실을 꿰매는 것과 같다. 이 고치는 모래, 진딧물의 껍질 등으로 표면을 장식한다. 길이는 2mm이고, 때때로 고치는 식물체 근처에서 발견된다. 번데기 기간에 사망률이 높은편이다. 성충의 길이는 약 2.5mm이고 암컷의 날개 길이는 2.5~3.5mm다. 그들의 다리는 길고 얇다. 수컷의 안테나는 길고 긴 털로 덮여 있으며 뒤로 구부러져 있다. 이에 반해 암컷은 짧고 얇다. 땅에서 높지 않고, 식물체 사이의 덮여진 공간에서 휴식을 취한다. 이들은 온실에서 5월에서 9월까지 서식한다. 포장에서 진디혹파리의 최초 출현시기는 5~6월에서 9월 말까지로 많은 작물에서 발견된다. 9월 말에 종령 유충은 토양 2cm 이내의 깊이로 들어가 번데기가 되고 다음해 5월에 다시 나타난다. 온실 내에서는 늦은 가을에 휴면을 시작하고 이른 봄에 휴면이 끝난다. 온실 내의 온도가 높은 여름 동안에 활동을 하고, 휴면은 낮은 온도일 때 단일에 이루어진다. 진디혹파리의 발육은 온도, 기주의 밀도, 습도 등에 영향을 받는다. 21℃ 에서 알 기간은 2~3일, 유충은 7~14일 그리고 번데기 기간은 14일이 걸리며, 전체 한 세대 기간은 약35일 이다.

▶포식 진디혹파리는 진딧물이 있는 식물과 없는 식물을 쉽게 구분한다. 알에서 갓 부화한 유충은 반경 2.5cm 이내에서 진딧물을 찾는다. 알들은 일반적으로 진딧물 군집에 낳기 때문에 유충이 먹이를 찾는 데는 그리 어렵지 않다. 혹파리 유충의 공격을 받은 진딧물은 스스로를 방어할 수 없는데 이는 혹파리 유충이 진딧물 체내에 독물질을 찔러 넣기 때문이다. 이 독물질은 10분이면 진딧물의 몸을 마비시키며, 마비된 진딧물의 체액을 혹파리 유충이 빨아먹는다. 일반적으로 혹파리의 진딧물 포식량은 10~100마리이며, 온도,습도,기주의 밀도에 영향을 받는다. 포식량의 반 정도가 마지막 종령 유충시기에 이루어진다. 또한 진디혹파리유충은 필요 이상의 진딧물을 죽이며, 진딧물 한 마리를 포식하는 데는 수분에서 두시간 정도 걸리는데 이는 혹파리의 령기별, 진딧물의 충체 크기에 따라서 다르다. 진디혹파리는 응애, 깍지벌레에서는 살 수 없지만 60종 이상의 진딧물에서는 살 수 있다.

▶번식 혹파리의 성충은 밤에 활동한다. 알을 낳고, 고미하는 것은 해질녘에서 동틀 무렵에 이루어진다. 암컷은 진딧물의 큰 무리에 알을 낳는다. 진딧물의 형태에 따른 산란은 영향을 거의 받지 않는다. 산란은 주로 식물체의 잎 뒷면과 하부에 하게 되는데 이는 어둡고 습도가 높기 때문일 것이다. 식물체 없이 진딧물만을 공급했을 때는 알을 낳지 않았다. 성충에 꿀을 공급했을 때는 꿀을 주지 않았을 때보다 산란을 많이 하였다. 우화 후 산란을 가장 많이 하는 기간은 2~4일 이다. 수명은 수컷이 암컷에 비해 짧으나, 꿀을 공급하면 길어진다. 건조하면 사망률이 높아진다.

▶방제효과 상업적 이용은 1977년에 핀란드에서 시작되었으며, 이용할 때에는 다음과 같은 주의사항을 준수할 것을 명시했었다. 진딧물이 발생되면 혹파리가 들어 있는 모래를 곧바로 뿌리고 3마리의 진딧물 당 한 개의 고치 수준으로 m²당 2~5개의 고치를 넣어 주어야 한다. 2~4주 후에 다시 넣어 주여야만 좋은 결과를 얻을 수 있다.

휴먼유도나 타파가 가능하며(휴면은 단일조건에서 유도되고 100W 백열등을 켜 놓으면 타파할 수 있다), 주로 고치 상태로 판매되는데 성충은 아주 약해서 운반이 어렵다. 현재는 진디혹파리에 영향이 적은 약제들을 선발하는 연구 등 많은 연구가 진행되어 진딧물 방제에는 가장 좋은 소재로 인식되고 있다.

진디혹파리는 진딧물만 먹으며 천적 유지식물에 이용할 수 있고, 공격받은 진딧물은 곧바로 죽게 되는데 밀도가 높으면 죽이는 양이 많아지고, 적은 수의 진딧물만 먹어도 성충까지 발육할 수 있는 장점이 있다. 온실에서 이용할 때는 20~26°C에서 가장 효과적이며 고치를 짓는 장소가 필요하기 때문에 시멘트 바닥으로 된 온실에서는 모래, 부스러기 등을 깔아두는 것이 좋으며, 축축한 흙바닥으로 된 온실에서 효과적이다. 거미줄을 주로 교미장소나 쉬는 장소로 이용하기 때문에 거미줄이 음습한 장소에 있으면 효과가 좋아진다.

▶주의사항

◈ 치료용으로 사용할 때는 진딧물 집단 주변에 m²당 10마리씩을 놓아 둔다.

◈ 진딧물이 분산되었을 때는 m²당 5마리 비율로 놓아 둔다.

◈ 젖지 않을 정도며 습기가 있는 상태의 버미규라이트 혼합물을 시설 내에 놓거나 락울이나 메트 위에 조금씩 떨여뜨려 놓는다.

◈ 겨울잠을 잘 수 있으므로 낮 길이가 긴 3~9월에 이용한다.

◈ 저장온도는 6~8°C이며, 직사광선이 닿는 곳에 놓지 않는다. 물품 인수 후 18시간 이내에 사용한다.

진디혹파리는 진디벌 다음으로 많이 이용되고 있는 천적이다. 이 천적은 파리목, 혹파리과에 속하며, 80여 종의 진딧물을 잡아먹으며 진딧물 밀도가 높은 곳에서도 방제 효과가 높다. 이 천적의 발육기간은 25°C에서 약 15일로 짧다. 유충은 진딧물의 헤모 림프를 빨아 먹는다. 진딧물에 독소를 분비해 진딧물을 마비시킨 후 잡아먹는다. 진디벌을 뱅커플랜트로 이용한 다음 3월 이후 진딧물의 밀도가 높아질 무렵 온도가 높아지면 진디혹파리를 많이 이용한다. 이 천적은 고온에 잘 적응하여 우리나라에서의 활용이 기대된다.

수염진디벌 (*Aphidius ervi*)

수염진디벌은 200여 종의 진딧물을 기생하며, 이 중 감자수염진딧물(*Macrosiphum euphorbiae*), 싸리수염진딧물(*Aulacorthum solani*)은 중요 해충이다. 감자수염진딧물은 크기가 2~4mm이고 상대적으로 긴 다리를 가지고 있다. 이 진딧물은 토마토, 가지, 고추, 국화, 장미, 담배, 감자 등에 발생한다. 싸리수염진딧물은 크기가 1.8~3mm이고, 더듬이가 자기 몸길이보다 길다. 이 진딧물은 야외에서 감자, 시설 내에서는 고추, 국화, 토마토, 가지, 상추, 콩에 발생한다.

수염진디벌 - 성충

▶형태　수염진디벌은 콜레마니진디벌과 비슷하게 보이나 2배 정도 크다. 이 진디벌은 갈색 다리와 긴 안테나가 있고 검고 길쭉한 몸을 가지고 있다.

▶생태　알에서 성충까지 14°C에서 26일, 20°C에서 13.5일, 23.6°C에서 12일이 걸린다. 성충이 되고 나서 5~7일 사이에 알을 낳는데, 하루에 55개의 알을 낳는다. 좋은 탐색 능력이 있으며, 저온에서도 잘 날아다닌다. 이 진디벌이 나타나면 진딧물은 무서워 땅으로 떨어지기도 한다.

▶이용방법　콜레마니진디벌이 기생을 못하는 감자수염진딧물과 싸리수염진딧물 방제에 이용한다. 이용작물은 토마토, 고추, 가지, 거베라, 장미, 오이, 딸기, 콩 등이다. 좋은 탐색 능력 때문에 예방용으로 사용하기 좋으며, m^2당 0.05~0.1마리를 방사한다. 진딧물 발생이 적을 때는 진디혹파리와 동시에 이용하고, 발생이 많을 때는 무당벌레와 같이 사용할 수 있다.

▶주의사항　콜레마니진디벌과 같다.

진디좀벌(*Aphelinus abdominalis*)

진디좀벌도 수염진디벌과 같이 콜레마니진디벌이 기생할 수 없는 감자수염진디물과 싸리수염진디물의 방제에 이용한다.

진디좀벌 - 성충

진딧물에 기생하는 진디좀벌

▶**형태** 온실가루이좀벌과 같이 좀벌과에 속한다. 크기는 3mm 가량이고, 상대적으로 짧은 다리와 더듬이를 가지고 있다. 암컷은 검은 가슴과 노란 배를 갖고 있고, 수컷은 작고 더 검은 배를 가지고 있다.

▶**생태** 20°C에서 7일만에 번데기가 된다. 기생된 진딧물은 검은색 미라(머미)가 된다. 머미(번데기)가 된 후 8일만에 성충이 된다. 이벌의 특색은 오랫동안 산란을 한다는 것이다. 어미가 되고 나서 첫날은 알을 낳지 못하지만 3~4일째부터 산란이 증가하며, 매일 5~10마리씩 8주 동안 낳는다. 기생한 것과 안 한 것은 구분할 수 있다. 충분한 일조와 높은 온도에서 활동을 잘 한다. 오랫동안 알을 낳는 장점이 있지만 기생력은 떨어진다.

▶**이용방법** 콜레마니진디벌이 기생을 못하는 감자수염진딧물과 싸리수염진딧물 방제에 이용한다. 이용작물은 토마토, 고추, 가지, 거베라, 장미, 오이, 딸기, 콩 등이다. 진딧물이 발견되자마자 투입한다. 방사량은 m^2당 0.5~2마리다. 진딧물 발생이 적을 때는 진디혹파리와 동시 이용하고, 발생이 많을 때는 무당벌레와 같이 사용할 수 있다.

▶**주의사항** 콜레마니진디벌과 같다.

무당벌레(*Harmonia axyridis*)

무당벌레는 유충과 성충기간 모두 진딧물을 포식한다. 우리나라에 서식하는 무당벌레류는 약 90여 종 이상이며 모두 포식성이다. 28점박이무당벌레, 큰이십팔점박이무당벌레가 가지, 감자 등을 가해하는 해충이다. 진딧물이 대 발생했을 때 방제 효과가 빠르게 나타난다. 성충으로 월동을 하며 10월 중하순 경부터 남향으로 위치한 바위나 담 같이 양지 바른 곳에 수천 마리씩 모여드는 특성이 있다. 성충으로 방사하였을 경우 진딧물을 포식한 다음날부터 하루에 30개 이상 알을 낳으며, 산란한 알은 노란색으로 3~4일 휴면 유충으로 부화되어 유충들이 진딧물 포식을 한다. 진딧물을 주로 포식하지만 온실가루이 약충, 응애류, 나방류, 알 등도 포식하며, 유충과 성충기간에 약 1,000마리의 진딧물을 포식한다. 성충이 일생 동안 산란하는 알의 수는 약 600~800개를 낳는다. 알→유충→번데기→성충의 단계를 거치며, 봄과 가을철의 경우에는 알에서 성충까지 약 21~25일이 걸린다. 성충 수명은 약 2~3개월 정도다.

무당벌레 - 성충

무당벌레 - 알

무당벌레 유충의 진딧물 포식

무당벌레 번데기

풀잠자리류

풀잠자리류는 모두 포식성이다. 이용하기가 가장 적합한 종은 칠성풀잠자리와 (*Chrysopa pallens*)와 어리줄풀잠자리(*Chrysoperla carnea*)다. 칠성풀잠자리는 유충과 성충시기에 모두 포식하는 반면에 어리줄풀잠자리는 유충시기에만 진딧물을 포식하며 성충은 산란활동만 한다. 진딧물이 있는 곳이면 풀잠자리가 서식하는데, 5월 이후부터는 야간에 전등 불빛으로 유인하면 집안으로 날아들어오기도 한다. 칠성풀잠자리의 경우 40~50개의 알을 무더기 형태로 잎 뒷면에 산란하지만 어리줄풀잠자리는 한 개씩 낳는다. 알은 낚시줄 같은 것에 하나씩 매달아 놓는다. 무당벌레와 같이 많은 수의 진딧물을 포식하고 있기 때문에 진딧물이 높은 밀도로 발생했을 경우 방제 효과가 빨리 나타난다. 칠성풀잠자리는 유충과 성충시기에 약 2,000여 마리 내외의 진딧물을 포식한다. 어리줄풀잠자리는 유충시기에만 포식하며 칠성풀잠자리에 비하여 체장이 훨씬 작기 때문에 포식량은 많지 않다. 그러나 칠성풀잠자리에 비해서 세대가 짧은 것이 장점이다. 두 종 모두 진딧물 이외에 나방류 해충의 알이나 온실가루이 약충, 총채벌레도 포식한다. 칠성풀잠자리 성충은 약 2~3개월을 살며, 약 2,000개 내외의 알을 낳아 번식력이 매우 높아 진딧물 방제에 효과적이다. 어리줄풀잠자리는 약 300여 개의 알을 낳는다. 4월 경부터 10월 하순 경까지 발생하며, 고치(번데기)로 월동을 한 후 봄에 성충으로 우화한다. 여름철의 경우 산란된 알은 약 2~3일이면 유충으로 부화하고 유충은 약 일주일에 걸쳐 3번의 탈피를 한 뒤에 고치를 틀고 약 2주 후에 성충으로 우화한다.

풀잠자리 - 성충

풀잠자리 - 알

풀잠자리 - 유충

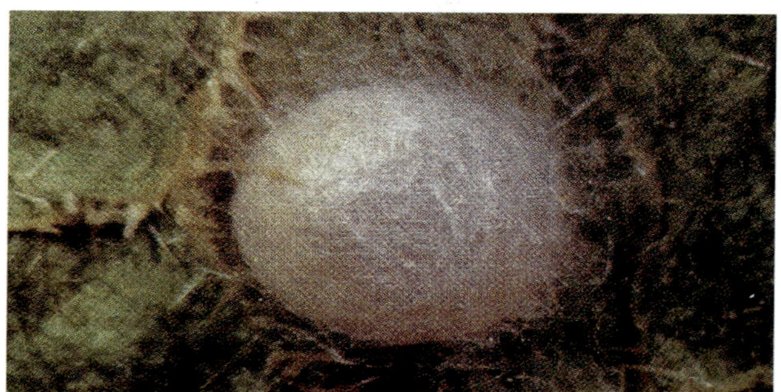
풀잠자리 - 번데기

▶주의사항

◈ 진딧물 집단 가까이 혼합물을 흔들어 떨어뜨린다.

◈ 방사량은 m^2당 10~30마리다.

◈ 유충은 먹이가 없으면 서로 잡아먹는다.

◈ 직사광선을 피해서 수평으로 보관하고, 보관온도는 5~10°C이다.

◈ 물품을 인수한 후 18시간 이내에 사용한다.

꽃등애(*Episyrphus balteatus*)

꽃등애는 모양은 꿀벌과 유사하나 파리목에 속하는 천적이다. 대량생산에 의한 이용은 일부 실용화되었으나 아직까지 보편화되지 않았다. 야외 작물에서 천적 보호에 관심을 두어야 할 천적이다.

꽃등애 - 성충

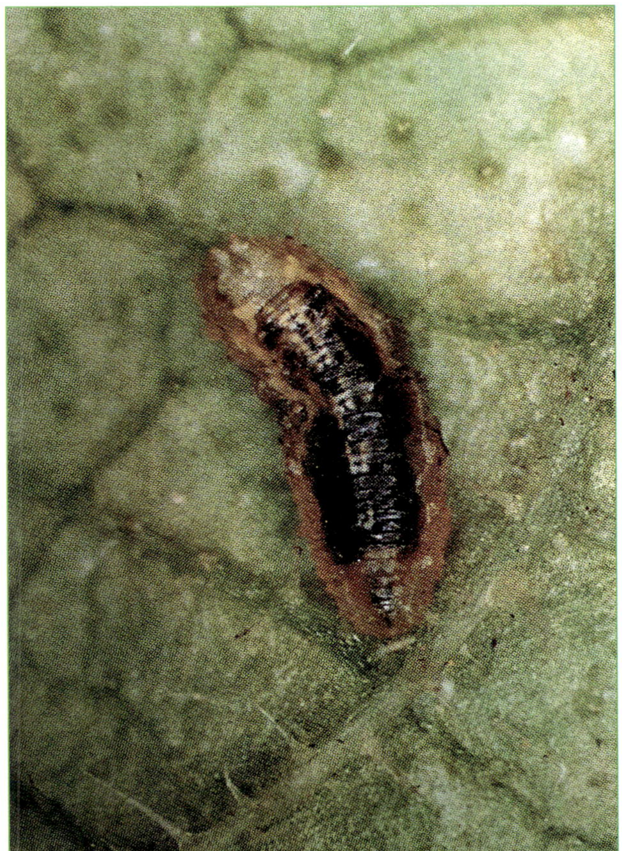
꽃등애 - 알

▶형태 성충은 길이가 13mm이고, 머리와 가슴은 검고, 복부는 노랑과 검은 줄무늬가 있는 꿀벌과 거의 닮은 아름다운 곤충이다. 알은 1mm로 백색의 타원형 소시지 모양이다. 알은 진딧물 콜로니가 있는 곳에서 육안으로 볼 수 있다.

▶생활사 꽃에서 꽃으로 날쌔게 떠돌아다니므로 떠돌이파리(hover flies)라고도 한다. 성충은 다른 곤충을 먹는 것보다 꿀과 꽃가루를 잘 먹는다. 암컷은 회색의 알을 진딧물 밀도가 높은 곳에 낳는다. 알은 2~3일 후 부화하며, 유충은 다리가 없는 구더기 모양이며, 길이는 발육단계에 따라서 1~13mm이다. 유충은 3령까지 있으며 유충에서 성충까지는 약 1개월이 걸린다. 잎에서 진딧물을 먹고 자란 유충은 번데기가 될 때에는 땅으로 떨어져 고치를 만든다. 유충은 전 생육기간에 300~500마리의 진딧물을 먹는다.

▶대상해충 모든진딧물

▶이용작물 고추 같이 털이 없는 작물, 노지 작물에서도 이용이 가능하다.

▶이용방법 15°C 이하에서는 증식이 안되나 어느 환경에서도 이용할 수 있다. 예방용 또는 치료용으로 사용할 수 있다. 주로 진딧물의 밀도가 높은 곳에 사용한다.

02 잎응애의 천적

잎응애 천적은 이리응애로, 칠레이리응애(*Phytoseiulus persimilis*), 사막이리응애 (*Amblyseius californicus*), 긴털이리응애(*Amblyseius womersleyi*), 서양이리응애 (*Galendromus* (=*Typhlodromus*) *occidentalis*), 팔라시스이리응애(*Amblysieus fallacis*), 기타 포식자로 응애잡이 혹파리(*Feltiella acarisuga*), 꼬마무당벌레(*Stethorus punctillum*)가 있다.

칠레이리응애(*Phytoseiulus persimilis*)

포식성 응애는 1982년까지 약 1,000여 종이 보고되었으며, 2000년까지는 5,000여 종이 기록될 것으로 추정하고 있다(Hoy, 1982). 이 중 경제적으로 크게 문제가 되고 있는 잎응애의 천적으로는 칠레이리응애가 가장 우수한 것으로 알려졌다. 칠레이리응애가 우수한 천적으로 알려진 것은 1958년 칠레로부터 독일에 수입된 묘목에서 Dosse 박사가 발견한 후 부터다 (Dosse, 1958). 칠레이리응애를 시설 내에서 점박이응애의 천적으로 이용하기 시작한 것은 1960년대 중반 네덜란드의 Koppert가 오이에 처음 시작하였다. 그 후 점차 발전되어 대량 사육기술이 개발되어 산업적으로 여러 나라에서 이용되고 있다.

칠레이리응애 성충의 포식장면

칠레이리응애 - 성충과 알

▶생활사 칠레이리응애의 생활사는 잎응애와 같이 알, 유충, 제1약충, 제2약충, 성충의 단계가 있다. 점박이응애와 다른 점은 유충과 약충 단계에 휴식기가 없다는 것이다. 알은 먹이가 있는 곳에 낳는다. 산란 직후 투명한 핑크색이나 점차 검은색으로 되며, 점박이응애보다 2배정도 크고 약간 타원형이다. 유충은 3쌍의 다리가 있으며, 먹지도 않고 움직이지도 않는다. 전약충(제1약충)이 유충에서 나오면서 먹기 시작한다. 후약충(제2약충)은 항상 먹이 사냥을 하며, 크기는 점박이응애의 성충과 비슷하다. 옅은 적색을 띠며 온도가 높으면 매우 활동적이다. 보통 성충은 점박이 응애보다 다리가 길고 몸체도 크며, 성충은 등에 긴 털이 드물게 나 있다. 25℃에서 칠레이리응애는 알 기간 2.26일, 유충 0.68일, 제1약충 1.12일, 제2약충 1.31일이다. 산란 전 기간 1.5일, 산란기간은 21.6일, 산란 후 기간은 13.1일이고, 성충의 총 생존일수는 36.4일이다. 산란 수는 총 79.5개, 일당 산란 수는 3.7개이다. 20℃에서의 수명은 점박이응애보다 길고 알도 더 많이 낳기 때문에 번식률이 높아 생물적 방제에 적합하다.

▶적합한 온도와 습도 최적온도는 20~25℃이나 점박이응애 증식속도를 고려하면 20℃에서 가장 효과가 우수하다. 최적습도는 75% 이상이며, 40% 이하의 습도에서는 부화율이 극히 낮다.

▶방사방법 딸기에서는 점박이응애가 발생하는 잎의 비율이 0~5%일 때 투입한다. 딸기에서 투입 시기는 점박이응애의 발생 정도에 따라 빠르고 늦어질 수 있다. 육묘단계부터 발생할 경우는 11월 중순부터 투입하나 그렇지 않을 경우에는 기온이 올라가는 2월 초부터 투입한다. 투입량은 200평 하우스 당 2,000마리씩 1~3회, 점박이응애 밀도가 높은 포장은 4,000~6,000마리를 한 번에 투입한다. 점박이응애가 전혀 발생하지 않을 때에 방사하면 이 천적은 먹이가 없어서 정착하지 못하게 된다. Koppert Biological System의 추천 방사량은 10a당 예방용 방사 2,000마리, 적게 발생할 때는 6,000마리, 전 면적에 발생할 때는 10,000마리로 했다. 심하게 발생할 때는 발생지점에만 약 10마리씩 방사한다. 방사횟수는 예방용 방사는 3주 간격, 소량 발생할 때는 2주 간격으로 하지만 피해가 더 늘어나지 않으면 더 방사하지 않아도 된다. 칠레이리응애 투입량은 잎응애의 밀도, 딸기 잎의 우거짐 정도, 온도, 경작 연수 등에 따라 달라질 수 있다. 투입시간은 해질 무렵이 온도가 낮고 습도가 높아지므로 칠레이리응애가 정착하는 데 유리하다. 투입 전에 주의할 점은 칠레이리응애를 냉장고나 저온에 보관하지 않고 온도가 높은 곳에 방치하면 먹이가 없어서 서로 잡아먹을 우려가 있다.

▶농약과 동시 사용 대부분의 농약은 칠레이리응애에 영향을 줄 수 있지만 일부 농약은 별 영향이 없어서 동시에 사용할 수 있다. 점박이응애 이외의 병해충이 동시에 발생할 때 여러 종의 천적을 동시에 이용하거나 농약을 사용하여 방제할 수 있다. 점박이응애 밀도가 높을 때는 칠레이리응애에 해가 적은 농약을 살포한 후 천적을 투입하면 효과적이다. 칠레이리응애는 유기인계, 카바메이트계, 피레스로이드계 농약에 대부분 해롭고, 살균제와 IGR살충제에 해가 적다. 그러나 거의 모든 농약이 정도의 차이는 있으나 해가 되기 때문에 가급적 농약은 적게 사용하는 것이 바람직하다.

▶주의 사항
◈ 용기는 수평으로 놓는다.
◈ 사용 전까지는 추운 곳에 보관해야 한다(저장온도 5~10℃).
◈ 햇빛이 있는 곳에 놓아두지 않는다.
◈ 사용 전에 용기 내 버뮤큐라이트가 섞이게 살살 흔들어 준다.
◈ 병마개는 사용 직전 온실에서 개방한다.
◈ 응애가 있는 곳에서 병을 흔들어 방사한다.
◈ 사용 후 빈 병은 병속에 남아 있을 지도 모르는 천적이 나가도록 작물에 놓아 둔다. 다른 이리응애에 대한 주 의사항은 칠레이리응애에서와 같다.

▶행동 습성 먹이밀도가 높아감에 따라 공격률은 낮아지지만 성공률은 밀도에 크게 영향받지 않는다. 유충은 먹지 못하며 전약충부터 먹기 시작한다. 성충은 모든 충태의 잎응애를 먹으나 약충은 성충을 먹지 못하고 알, 유충, 약충 등만을 먹는다. 잎응애 알을 가장 많이 먹고 잎응애 성충 포식량은 적다. 30℃ 이상이 되면 포식량은 감소하고 35℃에서는 먹지 않는다. 먹이밀도가 5마리 이상이 되면 전약충의 포식량은 약 4마리이고, 잎응애알(먹이)이 30개 있으면 일당 포식 알 수는 20개 정도가 된다. 잎응애 전약충이 20마리 이상이 되면 암컷은 15마리를 포식한다. 30마리의 먹이(암컷)에 2마리의 칠레이리응애 암컷이 있으면 10일 후에는 먹이도 천적도 사라진다.

사막이리응애(*Amblyseius californicus*)

사막이리응애는 미국이 원산지이며, 캘리포니아나 플로리다의 딸기에서 자연 발생한다. 움직임이 매우 활발하며 , 고온(30℃), 건조한 환경에서 효과가 우수한 천적이다. 우리나라 시설환경에서 여름철에 잎응애류를 방제하는 데 가장 유력한 천적이 될 수 있다. 칠레이리응애와는 달리 꽃가루에서도 증식이 가능하므로, 잎응애류가 없는 조건에서도 예방차원에서 미리 도입이 가능하다.

▶**형태** 크기는 0.34mm이고, 성충은 연한 노란색이며, 타원형으로 복부 끝이 뭉뚝하다. 등에 짧은 강모가 드물게 나 있다.

▶**발육 및 번식** 점박이응애와 같이 알, 유충, 제1약충, 제2약충, 성충의 발육단계를 가진다. 고온조건에서 4일 내에 성충이 된다. 같은 온도에서 발육속도는 잎응애류보다 두 배 더 빠르다. 성충 캘리포니쿠스 응애는 약 20일을 생존하며, 암컷은 일일 평균 3개씩, 14일 동안 알을 낳는다.

▶**포식** 사막이리응애는 점박이응애와 사과응애의 모든 발육단계를 먹을 수 있으며, 어린 발육 단계를 선호한다. 잎 뒷면에서 주로 발견되며 하루 5마리의 잎응애 성충을 먹는다. 칠레이리응애와는 달리 먹지 않고 오랫동안 생존할 수 있는 능력이 있고, 꽃가루를 먹고도 살 수 있으며, 동종간에는 잡아먹지 않는다.

▶**방제 효과** 장미같이 지면에서 떨어져 있어 습도가 낮은 조건에서 이용된다. 잎응애류가 발견되지 않더라도 예방 차원에서 도입할 수 있으며, 작물에서 오랫동안 생존이 가능하기 때문에 자주 방사할 필요는 없다.

▶**주의 사항**

◈ m^2당 4~20마리를 방사한다.

◈ 용기는 수평으로 놓고 직사광선은 절대 피해야 한다.

◈ 병마개를 열기 전에 병 아래를 쳐서 천적이 혼합물과 골고루 섞이도록 한다.

◈ 사용할 준비가 다 되었을 때 시설 내에서 마개를 개봉한다.

◈ 응애가 발생한 곳에는 병을 더 많이 흔들어서 혼합물을 풀어 놓는다.

◈ 직사광선을 피해서 10~15℃에서 운반하고 18시간 이내에 사용한다.

긴털이리응애(*Amblyseius womersleyi* Evans)

긴털이리응애는 우리나라에 생태적으로 적응되어 온 토착 천적으로 점박이응애의 밀도 억제에 이용할 수 있는 것으로 알려져 있다(이,1990). 이 천적은 6월 이전까지는 잡초에 있는 점박이응애를 주로 잡아먹으며 살다가 점박이응애가 사과나무로 이동함과 동시에 사과나무로 올라가는 특성이 있어 초생재배를 하면 방제 효과가 큰 것으로 알려졌다. 먹이가 없을 때 생존력이 높은 장점이 있다. 그러나 이 천적은 칠레이리응애 등 다른 이리응애에 비하여 활동성이 떨어져 높은 밀도에서 방제 효과가 떨어지는 것으로 나타났다. 응애의 밀도가 낮을 경우는 효과가 크므로 이 천적의 이용은 대량 증식을 통한 이용보다 보호에 관심을 기울여야 할 것이다.

서양이리응애(*Galendromus*(=*Typhlodromus*) *occidentalis*)

이 천적은 북미에서 사과, 복숭아, 팜 등의 과수원에 발생하는 응애 방제에 많이 이용되고 있다 (Croft 등, 1977). 성충의 모양은 배 모양이고 알을 먹은 것은 희나 보통은 붉거나 갈색을 띤다(Beers, 1993). 이 천적은 덥거나 건조한 기후에서 살 수 있다. 이 천적은 점박이응애, 사과응애, 차응애 등 많은 식식성 응애를 공격한다. 월동을 하며 봄에 어린 잎에서 활동을 시작한다. 이 천적은 상업적으로 판매되고 있다.

팔라시스이리응애(*Amblyseius fallacis*)

이 천적은 미국 동부지역의 과수원에서 많이 이용되고 있는 천적이다. 미국의 캘리포니아에서는 딸기에 발생하는 점박이응애 방제에도 이용하고 있다(McMurtry, 1970;Croft 등, 1992). 이 천적은 성충의 색깔이 흰색에 가까우며, 여러 종류의 식식응애를 공격하고, 월동을 한다. 이 천적 이리응애는 유기인계 농약에 저항성이 있으나 몇 가지 살균제와 제초제에는 약한 것으로 알려져 있다. 야외 작물에 주로 사용되고 있으며, 대량 생산하여 시설 작물에도 이용하고 있다. 또한 이 종은 국내에서 적용 가능성과 천적으로 이용성이 확인되어(권, 1996)앞으로 이용 가능성이 높을 것으로 생각된다.

응애잡이혹파리(*Feltiella acarisuga*)

포식혹파리의 일종인 *F. acarisuga*는 혹파리과(Cecidomyiidae)에 속하며 가장 효과적이고 널리 이용되는 응애의 천적 중 하나다. 점박이응애 밀도가 높을 때 이용할 수 있다.

응애잡이혹파리 - 성충

응애잡이혹파리 - 유충포식

▶생활사 극단적으로 건조하거나 추운 계절이 없는 기후에서 주로 활동한다. *Feltiella*속의 종들은 알에서 알까지의 발육은 26~33일 정도 걸리며 평균 29일이 소요되지만, *F. acarisuga*는 약 15일 정도 걸린다. 생식과 발육은 15~25℃에서 일어나며, 알과 유충은 약 30℃, 30% 상대습도 이하에서는 생존하지 못한다. 적어도 50% 상대습도에서 정상적인 발육이 가능하다. 최적온도와 상대습도는 20℃, 90%다. 그러나 먹이가 풍부할 때에는 포식 수준이 발육범위 내의 온도와 습도에서도 일정하다.

▶효과 다양한 온실, 포장작물에서의 응애 개체군을 억제하는 데 사용될 수 있으며 특히 IPM을 운용하는데 있어 중요하다. 이 중 *F. acarisuga*는 40% 이상의 응애수를 감소시키는 것으로 보고되었다. 혹파리의 각 유충태는 최소 15마리의 응애 성충을 포식하며 하루에 80개의 알을 낳는다. 헥타르 당 1주에 1,000마리를 방사하면 토마토, 고추, 오이에서 응애를 방제하는 데 매우 효과적이다. 또한 딸기와 다양한 관상식물에서도 응애를 방제하는 데 사용되고 있다. 딸기와 관상식물에서는 주당(1헥타르)200~1,000마리 정도를 방사하는 것을 추천하고 있다. 이 파리유충은 점박이응애나 점박이응애붙이를 포식한다. 성충에는 작고 구부러진 더듬이가 있다. 창백한 파리로 수명은 짧으며 다른 것을 잡아먹지 못하고 진딧물의 배설물을 주로 먹는다. 유충은 투명하고 노란색을 띠며 응애를 주로 먹는다.

▶주의 사항

◈ 응애가 있는 곳 주변의 지면 가까이 그늘진 곳에 놓아둔다.

◈ m^2당 예방용으로 1마리, 치료용으로 5마리를 방사한다.

◈ 낮 길이가 짧으면 휴면을 한다.

◈ 가루이장님노린재와 같은 포식자가 있는 곳에는 사용하지 않는다.

◈ 유황을 사용하는 곳에서는 사용을 피한다.

꼬마무당벌레(*Stethorus punctillum*)

꼬마무당벌레는 무당벌레과에 속하며 크기는 약 1.5mm 정도되는 무당벌레다. 국내 토착종이지만 아직 잘 알려져 있지 않은 천적이다. 응애류를 전문으로 포식하며, 활동할 수 있는 온도가 16~35℃로 고온에서 이용할 수 있는 천적이다. 시설 내의 포장에서 응애 발생밀도가 높아졌을 때에 이용하는 천적이다.

▶생태 무당벌레와 같이 알, 유충, 번데기, 성충의 단계를 거치며 알에서 성충까지는 14~20일 정도 걸린다(21~26℃). 하루에 암컷 성충은 20~40여 마리의 응애를 포식하며, 알은 50여 개씩 먹어치운다. 먹이가 없을 경우에는 나방류의 알 등을 먹기도 한다. 암컷은 하루에 3~13개 정도의 알을 낳으며 일생 동안(약 2년) 1,000개의 이상을 산란한다.

꼬마무당벌레 - 성충

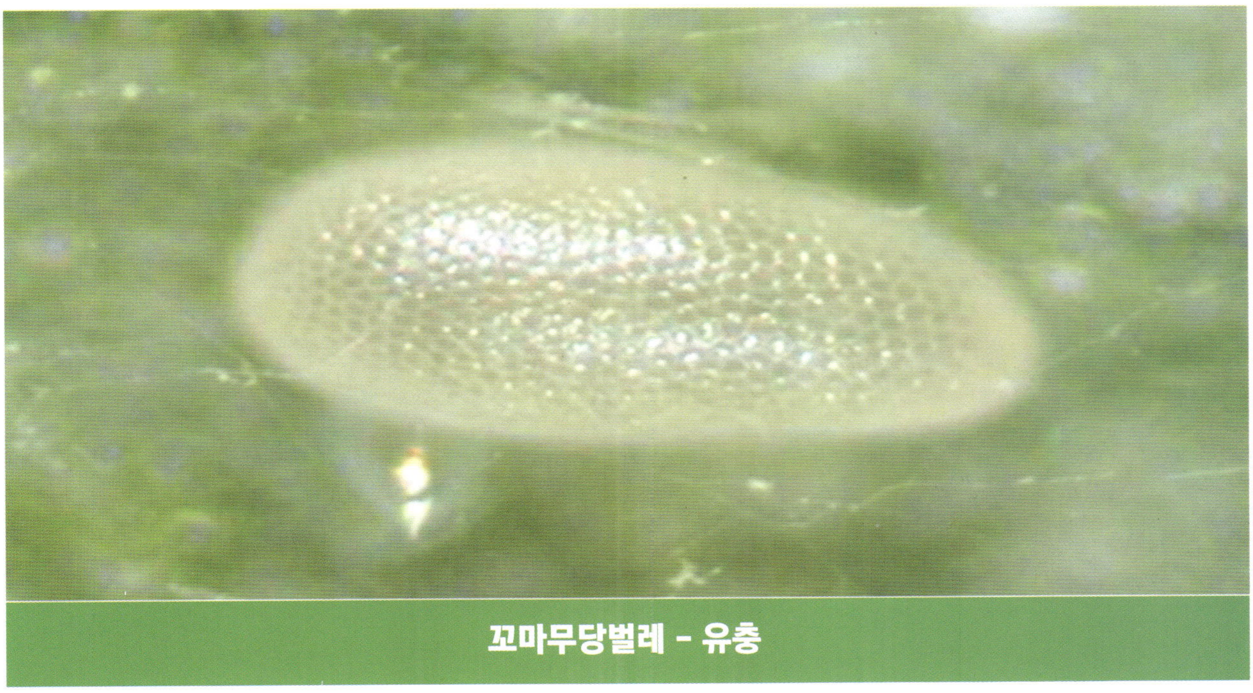

꼬마무당벌레 - 유충

03 가루이의 천적

작물에 피해를 많이 주는 가루이로는 온실가루이와 담배가루이가 있다. 온실가루이의 기생성 천적은 온실가루이좀벌(*Encarsia formosa*), 고온에서 이용하는 황온좀벌(*Eretmocerus eremicus*) 등이 있다. 황온좀벌은 고온 적응성이 높으며 온실가루이와 담배가루이 방제에도 이용된다. 천적으로 포식성 침노린재로 가루잡이노린재(*Macrolophus caliginosus*)는 작물재배 초기에 소량 방사하여 번식시켜서 이용하고 있다. 온실가루이의 밀도가 높아졌을 때는 가루이무당벌레(*Delphastus catalinae*)를 이용한다.

온실가루이좀벌(*Encarsia formosa*)

온실가루이좀벌 - 성충

온실가루이좀벌 -번데기(머미)

온실가루이좀벌 머미 카드

▶**형태와 생태** 온실가루이좀벌은 알, 1령, 2령, 3령, 번데기와 성충의 발육단계를 거친다. 이 6개의 발육단계 중 성충을 제외한 모든 발육단계는기주인 온실가루이의 약충이나 번데기의 체내에서 생활한다. 암컷 성충은 모든 약충에 산란할 수 있지만 특히 3령과 4령 초기의 온실가루이에 산란하는 것을 선호하는데 그 이유는 발육에 성공할 확률이 가장 높기 때문이다. 온실가루이좀벌이 온실가루이의 번데기 체내에서 발육하는 과정 중에 기주의 번데기는 검정색으로 변하기 때문에 쉽게 기생 여부를 판단할 수 있다. 성충은 거의 동그란 모양의 구멍을 뚫고 우화하며 성충의 크기는 0.6mm 정도로 머리는 검정색이고 가슴과 배는 노란색이다. 수컷 성충은 온몸이 모두 검은색이며 암컷보다 약간 크고, 수컷의 비율은 정상적인 집단에서 1~2%미만이다. 온실가루이좀벌의 성충은 감로나 기주인 온실가루이 체액을 먹고 산다.

▶**생식과 번식** 온실가루이좀벌의 정상적인 집단에는 수컷의 비율이 매우 낮으며 짝짓기를 하지 않아도 암컷을 낳는 처녀생식을 한다. 암컷은 가장 좋은 조건에서 약 300개의 알을 낳으며 매일 10~15개의 알을 낳는다. 온도와 습도는 산란에 큰 영향을 주지 않는데 온도 18~27℃, 습도 50~80% 정도면 무난하다. 암컷 성충의 수명은 온도가 증가함에 따라 급격히 줄어들어 30℃에서는 며칠밖에 살지 못한다.

▶**방제 효과** 방사후 방제 효과를 볼 수 있는 것은 약 3주가 지나야 확인이 된다. 온실가루이 약충에 기생된 것은 검은색으로 변하여 쉽게 구별할 수 있다. 방사 이후 뒤늦게 방제 효과가 나타나기 때문에 예방 차원에서 이용되어져야 한다. 따라서 농가에서는 온실가루이가 어느 정도 날아다니는 것이 보일 때는 바로 온실가루이좀벌을 방사하는 것이 가장 이상적이다.

▶**주의 사항**

◈ 한 개의 카드에는 온실가루이좀벌 암컷이 60개 붙어 있다. 온실가루이가 나타날 때 120m²당 1개의 카드를 매주 설치하고, 카드는 기생률이 90%가 될 때까지 점차 20~60m²당 1개씩 높여 나간다.

◈ 시설 내에서 천적상자를 개봉한다.

◈ 토마토와 오이에서는 작물 위에서부터 1미터 떨어진 그늘진 곳에 알 카드를 매달아 놓는다. 화분 재배작물은 아래 잎 부근에 매달아 놓는다.

◈ 방제 효과는 6주간 지속된다.

◈ 낮 온도가 18℃ 이하, 밤 온도가 14℃ 이하로 떨어지면 성충 출현은 늦어지고 정착률이 많이 떨어진다.

◈ 온실가루이좀벌은 담배가루이 방제에 부적합하다.

황온좀벌(*Eretmocerus eremicus*)

온실가루이와 담배가루이 약충에 기생하는 벌로, 고온에서 온실가루이좀벌보다 효과가 우수한 천적이다. 온실가루이좀벌은 머리와 가슴이 검은색이고 배는 노란색이지만 이 천적은 몸 전체가 황색을 띤다.

황온좀벌 - 성충

▶**형태와 생태** 알은 약 4일 후에 부화하고 가루이의 내부 기생자와 외부 기생자로 발육한다. 부화된 유충은 3~4일이 지나면 가루이 약충에 구멍을 뚫고 안으로 들어간다. 벌유충이 3령을 경과하면, 성충이 될 때까지 약 12일이 걸려서 우화한다. 알을 제외한 모든 령기의 약충에 기생하지만, 특히 2령 약충을 선호한다. 기생하여 2주가 경과되면 기주는 노란색으로 변한다. *E. eremicus* 암컷은 엷은 노란색이며 눈은 녹색을 띤다. *Eretmocerus*라는 이름은 "노처녀처럼 생긴 모양"이라는 뜻의 라틴어로, 이는 암컷 더듬이의 모양에서 유래되었다. 수컷은 암컷보다 크고, 구부러진 더듬이를 가지고 있으며 황갈색을 띤다.

▶**방제 효과의 특성** 온실가루이 밀도가 높아질 때는 기주 흡즙을 많이 한다. 고온에서 온실가루이좀벌보다 오래 살고, 농약에 대하여 비교적 온실가루이좀벌보다 내성이 있다. 방사 후 방제 효과 여부는 약 3주가 지나야 확인할 수 있다. 온실가루이 약충에 기생된 것은 노란색으로 변하여 쉽게 구별될 수 있다. 방사 이후 뒤늦게 방제 효과가 나타나기 때문에 예방적 차원에서 이용되어져야 한다. 따라서 농가에서는 온실가루이가 어느정도 날아다니는 것이 보이면 바로 방사하는 것이 가장 이상적이다.

▶**효율성** *E. eremicus*가 탐색한 약충의 약 74%에 기생하였으며, 발육과 알 생산을 촉진하는 최적온도는 25~29℃이다. 온실환경에서, 온도를 25~29℃로 조절한다면 *E. eremicus*가 기주보다 더 빠르게 번식하게 할 수 있을 것이다. 미국 북동부의 포인세티아 온실에서는 3마리의 *E. eremicus*(plant/week)를 방사하여 첫 작물을 정식하고 6~8주 동안 높은 온실가루이의 치사율(98% 이상)을 기록했다.

가루이무당벌레(*Delphastus catalinae*)

이 무당벌레는 꼬마무당벌레와 같이 크기가 매우 작고 검은색을 띤다. 포식력이 대단하여 외국에서는 온실가루이가 대 발생하였을 경우에 많이 이용하는 종이다. 온실가루이의 밀도가 높은 환경을 선호하며, 알을 주로 포식한다. 온실가루이좀벌과 같이 사용했을 경우에는 기생된 머미는 포식하지 않는다. 또한 온도범위에 대한 활동 폭이 넓고(16~35℃), 단일조건에서도 휴면하지 않는다.

가루이무당벌레

▶생태 알, 유충, 번데기, 성충의 단계를 거치며 한 세대를 보낸다. 알에서 성충까지는 21~25일(25~30℃)이 걸리며 유충기간은 7~10일 정도다. 암컷은 하루에 2~6개를 산란하는데, 총 300여 개를 낳는다. 암컷 성충이 하루에 가루이 알을 150~640개를 포식하며 약충은 11마리 정도를 먹는다. 한 마리가 일생 동안(약65일) 먹어치우는 양은 가루이 알 10,000여 개와 약충 700여 마리를 포식하는 대식가이다.

▶방제 효과 가루이무당벌레는 유충과 성충단계 모두를 포식하기 때문에 속효적 방제효과를 볼 수 있다. 온실가루이가 저밀도로 발생할 때에는 좀벌을 이용하는 것이 유리하고, 고 밀도로 발생할 때에는 이 종이 유리하다. 방제 효과가 뛰어난 반면 대량 사육이 어려워 가격이 비싼 것이 단점이다.

가루이잡이노린재(*Macrolophus caliginosus*)

이 천적은 장님노린재과(Miridae)에 속하며 온실가루이, 응애, 나방류, 유충 그리고 다른 작은 절지동물의 포식자다. 이것은 북유럽에서는 자연상태에서 발견되지 않았다. 그러나 스페인, 프랑스와 같은 남유럽에서는 천적 생산회사에서 생산하여 판매하고 있어 매우 흔하다. 온실가루이좀벌과 황온좀벌과 같은 천적 기생봉 그리고 진디혹파리, 무당벌레와 같은 포식자가 유용한 생물적 방제인자로 이용되고 있다. 장님노린재는 아주 드물게 곤충병원성 곰팡이에 기생된다.

가루이잡이 노린재 - 성충

가루이잡이 노린재 - 약충

▶형태 및 생태 성충은 2.9mm~3.6mm 정도의 크기로 밝은 녹색을 띠며 빨간 눈, 긴 녹색의 촉각이 있다. 긴 다리를 가지고 있어서 식물체 표면을 빠르게 움직일 수 있으며, 암컷은 수컷보다 조금 크고 배에 산란관을 가지고 있다. 교미 후 3일이 지나면 암컷은 식물의 조직, 엽맥, 줄기에 알을 낳는다. 25℃에서는 11일 후에, 15℃에서는 37일 후에 약충이 태어나며, 5령 약충까지 있다. 1령 약충기간 동안은 연노랑 녹색이지만, 시간이 령기가 지날수록 성충과 같은 녹색을 띠게 된다. 마지막 4,5령기에 날개가 생기기 시작한다. 5령 약충기간은 25℃에서 약 19일, 15℃에서는 약 58일이 걸려서 발육이 매우 느린 편이다. 암컷은 25℃에서 40일, 15℃에서는 110일 정도를 살며 수컷의 생존기간이 암컷보다 조금 더 길다. 암컷은 총 100~250개의 알을 낳으며, 온도와 먹이가 산란에 가장 중요하다. 온실가루이의 알을 먹이로 제공할 때는 진딧물이나 응애를 먹이로 제공할 때보다 더 많은 양의 먹이가 필요하다. 여러 해충의 포식자이지만, 온실가루이의 알, 유충, 번데기를 더 선호하며 담배가루이의 알, 유충, 번데기도 포식한다.

▶이용 하우스의 토마토와 가지과작물에서 온실가루이를 방제하기 위하여 기생봉인 온실가루이좀벌과 함께 이용되고 있다. 이 천적은 온실가루이를 먹고 발육하나, 발육이 느리기 때문에 작기 초기에 방사해야 한다. 그래서 온실가루이좀벌과 함께 이용하면 처음 발생하는 온실가루이를 방제하는 데 상승 효과를 가져온다. 만약 온실가루이 없이 나방이 첫 발생되었다면, 나방 방제에 가장 좋을 것이다. 작기 초기 3~4주 동안 이 천적은 하우스에서 거의 발견되지 않는다. 적어도 2달이 걸려야 개체군을 형성한다. 온실가루이의 다른 천적(온실가루이좀벌)이 이용되는 작기 초기에는 없어도 된다. 몇 세대가 지난 후 개체군이 형성되면, 이 노린재는 예상치 못했던 온실가루이의 피해에 대한 가장 강력한 방제 수단이 된다. 이 천적은 먹이가 부족할 때 식물 즙액을 빨아먹기는 해도 경제적인 피해는 거의 없다.

▶주의 사항

◈ m^2당 0.25~1마리를 사용한다.

◈ 시설 문을 잘 닫는다.

◈ 선선한 아침이나 저녁에 사용하고, 한 낮에는 사용하지 않는다.

◈ 용기 뚜껑을 열고 걸어가면서 용기를 두드려 천적을 내보낸다.

◈ 이 천적은 미니토마토에는 피해를 줄 수 있다.

◈ 오이와 고추에서 정착률이 낮다.

◈ 10~20℃에서 운반한 뒤 18시간 이내에 사용해야 하며, 10℃ 정도의 어두운 곳에서 저장한다.

04 총채벌레의 천적

긴털가루응애를 이용하여 대량 생산이 잘 되는 포식성 응애인 *Amblyseius cucumeris*, *Amblyseius bakeri*, 포식력은 뛰어나지만 사육이 어려운 *Amblyseius degenerans*가 있고, 포식성 꽃노린재로 *Orius* spp.가 있다.

오이이리응애(*Amblyseius cucumeris*)

오이이리응애는 총채벌레의 천적으로 유럽과 북미에서 가장 많이 이용되고 있는 천적이다. 총채벌레 유충은 대부분 포식성 응애의 공격으로부터 몸을 보호하기 위해 복부를 사용하여 상대를 타격하기 때문에 오이이리응애가 포식할 수 있는 것은 주로 어린 총채벌레의 유충(1,2령)을 포식한다. 성충이나 노숙 유충은 포식하지 못한다.

오이이리응애가 총채벌레 1령충을 잡아먹고 있는 장면

▶**생태** 발육 단계는 알, 유충, 전약충, 후약충, 성충 단계를 거친다. 알은 잎 뒷면의 주맥 또는 측맥에 털 있는 위에 산란한다. 알부터 성충까지는 6~9일(25℃)이 걸린다. 하루에 약 2개씩 산란하여 약 20일간 40~50개를 산란하는 것으로 추정된다. 하루에 약 2~3마리 정도를 포식한다.

▶**이용** 방사량은 m^2당 약 100마리다. 천적은 사료(쌀겨+밀껍질)속에 긴털가루이응애와 같이 들어 있으며 방사는 스푼으로 떠서 작물의 잎 위에 올려 놓기도 하고, 먹이와 같이 있는 봉지를 식물체마다 매달아 놓고, 봉지에 바늘 구멍을 뚫어 천적이 이 구멍을 통해 서서히 나오도록 하는 방사법이 있다.

▶**방제효과** 총채벌레의 어린 유충만 포식하는 관계로 다른 종류의 포식성 천적보다는 효과가 늦으며 약 일주일 정도가 걸린다. 총채벌레의 발생밀도가 높을 때는 성충과 큰 유충을 잡아먹는 애꽃노린재와 함께 사용하는 것이 좋다.

▶**주의 사항**

◈ 햇빛이 닫지 않는 작물 아래에 천적봉지를 매달아 놓는다.

◈ 가열 파이프 옆에는 봉지를 매달아 놓지 않는다.

◈ 작물 한 주에 한 개의 봉지를 매달아 놓는다.

◈ 방제 효과는 6주간 지속된다.

으뜸애꽃노린재(*Orius strigicollis*)

애꽃노린재류는 대부분 포식성으로 크기가 작은 해충들을 포식하지만 주로 총채벌레를 선호하는 천적이다. 특히 총채벌레는 작물 구조상 꽃잎 사이 같은 은밀한 곳에 숨어들어가 살충제가 미치지 못하는 한계가 있다. 으뜸애꽃노린재는 크기가 작고(2mm) 납작한 형태로 되어 있어서 식물의 복잡한 구조속에서도 자유롭게 다니며 총채벌레를 사냥하러 다닌다. 따라서 유럽 등지에서는 총채벌레 방제에 90% 이상이 애꽃노린재류를 이용하고 있다. 해충인 총채벌레뿐만 아니라 어린 진딧물, 응애 등도 포식한다. 일일 포식량의 수가 많아 빠른 방제 효과를 거둘 수 있는 장점이 있다. 우리나라 온실에서는 애꽃노린재의 점유율이 높지만 으뜸애꽃노린재가 증식률, 생식, 비휴면성, 내서성 등에서 더 우수한 것으로 알려져 있다.

으뜸애꽃노린재 - 성충

으뜸애꽃노린재 - 약충

▶생태 알, 약충, 성충의 단계를 거치며, 알부터 성충까지는 약 2주 정도 걸린다(25~30℃). 산란은 새순 줄기나 엽맥 조직체 속에 산란한다. 하루 평균 5~7개씩 산란을 하여 일생 동안 60~70개를 산란한다. 포식 활동은 알에서 부화하면서부터 성충으로 죽을 때까지 이루어지며 약 400여 마리를 포식한다. 성충의 경우 하루에 약 25마리 정도를 포식하는 것으로 알려져 있다.

▶주의 사항

◈ m^2당 0.5~1마리를 사용한다.

◈ 시설 문을 잘 닫는다.

◈ 선선한 아침이나 저녁에 사용하고, 한 낮에는 사용하지 않는다.

◈ 작물 잎 위에 골고루 병의 내용물을 뿌린다.

◈ 직사광선을 피하여 저장하며 5~10℃에 보관하고 18시간 이내에 사용해야 한다.

05 잎굴파리의 천적

잎굴파리의 천적은 외부 기생을 하며 어린 잎굴파리 유충을 잡아먹고 사는 굴파리좀벌(Diglyphus isaea)과 굴파리고치벌(Dacnusa sibirica)이 널리 이용되고 있다. 이들 천적은 번식력이 낮기 때문에 잎굴파리가 발생하면 바로 조기에 투입해야 한다. 이들 천적은 상호 보완 효과가 있어 천적 생산회사에서는 굴파리좀벌 90%와 굴파리고치벌 10%를 혼합하여 판매하고 있다.

굴파리좀벌(*Diglyphus isaea*)

기생벌 종류들은 생활방식에 따라 두 가지 부류로 나뉜다. 기주 몸체에 산란관을 찔러 넣어 내부에 산란하는 내부 기생벌과, 이와는 반대로 기주 몸체에 근접하여 산란한 후 부화한 기생벌의 유충이 기주 몸체에 접근하여 체액을 섭취하며 살아가는 외부 기생벌이다.

굴파리좀벌 - 성충

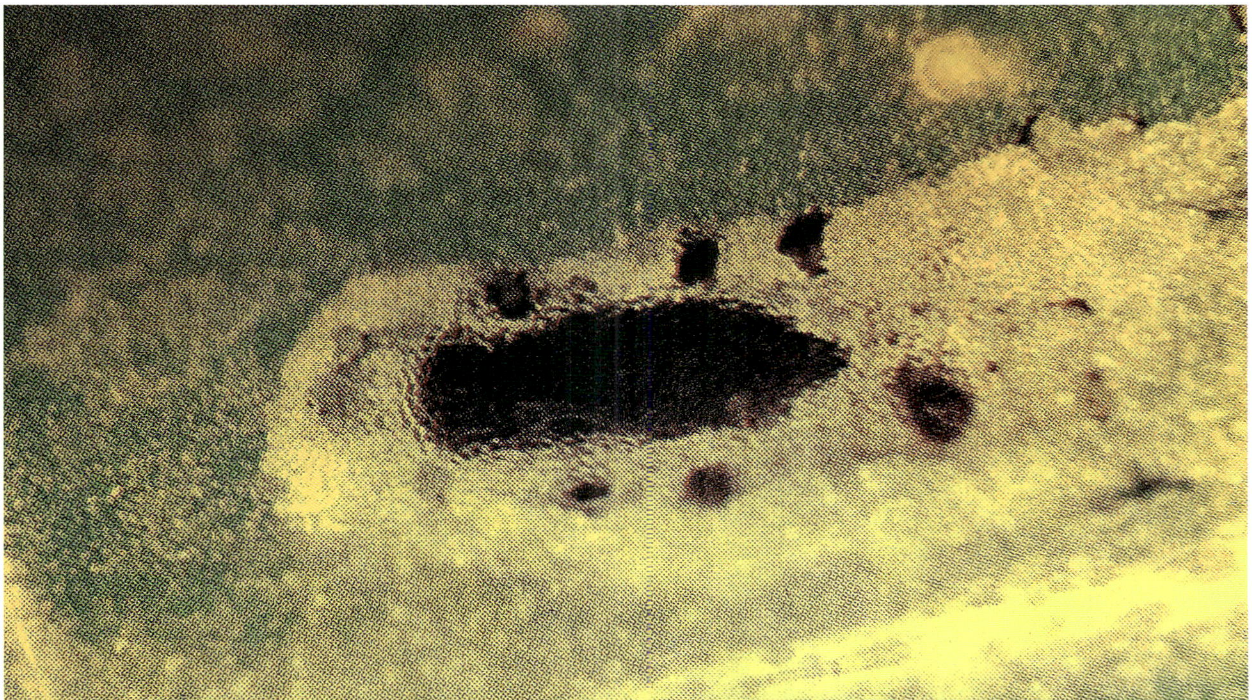

굴파리좀벌의 기생

▶형태 굴파리좀벌은 크기가 2~3mm인 기생벌로 아시아, 유럽, 북미지역에 널리 분포한다. 굴파리좀벌은 잎굴파리 2령 또한 3령 유충에 알을 붙여 두며, 부화한 유충이 기주에 붙어서 체액을 섭취하며 살아가는 외부 기생성 천적이다.

▶생태 알, 유충, 번데기, 성충의 발육단계를 거친다. 잎굴파리가 파 놓은 굴 속에서 번데기가 되며, 이는 육안으로 관찰이 가능하다. 성충은 우화할 때에 잎을 뚫고 나온다. 성충의 수명은 15~25℃ 정도 온도 범위에서 10~30일 정도이며, 20℃ 정도에서 약 1개월 정도 생존한다. 산란 수는 200~300개 정도에 이른다. 그 외에도 성충이 직접 체액을 섭취하여 죽이는 양도 기생벌 한 마리 당 70여 마리에 이른다. 기생벌 한 마리가 약 360여 마리의 굴파리 유충을 죽이지만 약 290여 마리는 산란에 의한 기생이고 70여 마리는 기주 체액을 섭취하는 것으로 사망시킨다.

▶방제 효과 잎굴파리좀벌의 장점은 번식속도가 빠르기 때문에 단기간에 잎굴파리 증식속도를 억제할 수 있다는 점이다. 단, 이동성이 떨어지기 때문에 잎굴파리의 밀도가 낮을 때는 효율성이 떨어진다. 따라서, 외국의 경우 잎굴파리의 밀도가 낮으면, 잎굴파리 좀벌 10%, *Dacnusa sibirica* 90%의 조합으로 사용하는 것이 보편적이다.

▶주의 사항

◈ m^2당 0.5~1마리를 2회 방사한다.

◈ 식물 속에서 병을 수평으로 누이고 조심스럽게 뚜껑을 열어서 작물 사이를 걸어다니면서 병을 두드리고 흔들어 천적을 내보낸다.

◈ 한 낮의 온도가 25℃가 되기 전 선선한 아침이나 저녁에 사용하고, 한 낮에는 사용하지 않는다.

◈ 저장은 직사광선을 피하고 5~10℃에서 보관하고 18시간 이내에 사용해야 한다.

굴파리고치벌(*Dacnusa sibirica*)

고치벌과에 속하는 기생벌이며, 굴파리좀벌과 달리 잎굴파리 유충의 몸속에 산란하는 내부 기생봉이며, 더듬이가 굴파리좀벌보다 훨씬 길기 때문에 쉽게 구별이 된다. 유럽과 북미에 분포하는 종이며, 1980년대부터 상업화되기 시작했다. 아직 국내 분포는 확인되지 않고 있다.

굴파리고치벌 - 성충

▶생태 알, 유충, 번데기, 성충의 발육단계를 거친다. 알부터 번데기단계를 잎굴파리의 몸 속에서 지낸다. 잎굴파리가 번데기가 되어 토양 속으로 들어가면, Dacnusa sibirica가 우화하면서 잎굴파리 번데기를 뚫고 나온다. 알에서 성충까지의 발육기간은 22℃ 항온조건에서 17~19일 정도다. 25℃일 때의 성충 수명은 7일 정도이고, 산란 수는 48개 정도이지만, 15℃에서의 성충 수명은 20일 정도이고 산란 수는 225개에 이른다.

▶방제 효과 잎굴파리의 번데기에서 월동을 하기 때문에, 이른 시기부터 출현한다. 잎굴파리좀벌과는 여러 가지 면에서 대조적이다. 잎굴파리를 직접 포식하지는 않으며, 기생이 된 잎굴파리와 건전한 잎굴파리를 구별할 수 있다. 한편 기주를 탐색하는 능력이 뛰어나기 때문에 아주 낮은 밀도에서도 이용이 가능하며, 고온에서도 이용할 수 있다. 단, 기생된 잎굴파리도 번데기까지 발육을 하기 때문에, 잎굴파리 번데기를 수거하여 *Dacnusa sibirica*의 기생률을 조사하기 전에는 육안으로 기생 여부를 확인하기 힘들다.

06 나비목 해충류의 천적

시설 내에 문제되는 나비목 해충에는 파밤나방, 담배거세미나방, 배추좀나방, 왕담배나방 등이 있다. 나비목 해충의 천적으로는 명충알벌류, 고치벌, 곤충병원성 선충 등이 있다. 나비목 해충의 유충기간은 약 20여 일 정도 되기 때문에 피해를 입히는 기간이 길다. 나비목 해충은 번식력이 강하기 때문에 초기 방제가 매우 중요하다. 파밤나방의 경우 약 1,000개, 담배거세미나방은 1,000~2,000개, 배추좀나방은 100~200개, 담배나방은 300~400개, 왕담배나방은 400~600개를 산란하여 방제가 쉽지 않은 해충이다. 초기 발생밀도 억제에 주력해야 할 것이다. 농가에서는 나방 한 두 마리 쯤 가볍게 생각해서는 안 되며, 나방 한 마리 살충시키는 것이 곧 유충 500마리 이상 방제하는 것으로 생각하면 피부에 쉽게 와 닿을 것이다. 나비목 해충의 방제는 천적 이외에 페르몬을 이용하기도 하고, 최근 일본에서는 황색등(黃色燈)을 이용하여 방제하기도 한다.

명충알벌류(*Trichogramma* spp.)

명충알벌류는 나비목 해충의 알에 기생하는 알기생벌로, 크기는 약 1mm정도로 아주 작은 기생벌이다. 이들은 기주 선호도에 대한 폭이 넓어 여러 종류의 나방 알을 공격하는 특성이 있다. 국내에 토착하는 알벌류도 여러 종이 있으며, 비교적 활동 온도 폭이 넓다.

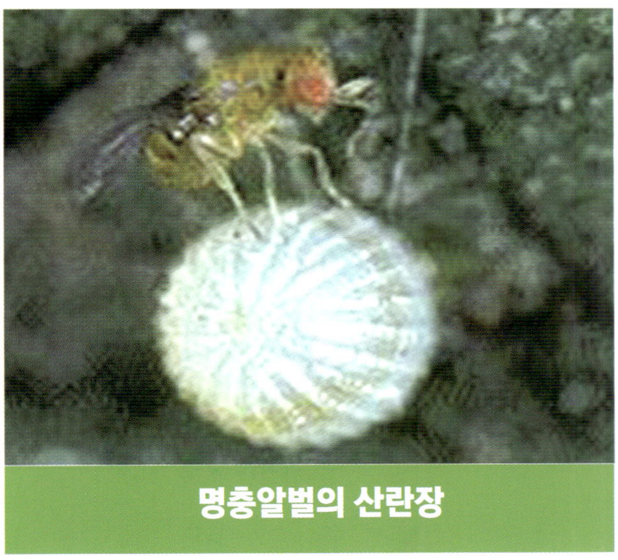

명충알벌의 산란장

기생된 알 (검은색)과 기생되지 않은 알

▶생태 기주 알에서 유충과 번데기기간을 보내며 27~30℃ 정도의 환경에서 약 10~12일 이면 성충이 우화되어 나온다. 일반적으로 나방류의 산란 형태는 알을 무더기(난괴)로 낳는 것이다. 알벌이 나방의 알을 발견하여 공격하면 근방에 있는 모든 알들을 기생시키기 때문에 적합한 환경에서는 90% 이상 기생률을 보이는 경우가 많다. 알벌 한 마리가 산란하는 수는 약 200여 개 정도로 많은 양을 산란한다. 해충 알 한 개에 2마리 이상 산란하여 기주 알의 크기에 따라 산란량을 조절하는 능력을 갖고 있다.

▶방제 효과 명충알벌은 대부분 나방류 해충의 알에만 기생하는 벌이기 때문에 농가에서 이용하고자 할 때는 나방 성충이 발생함과 동시에 예방 차원으로 사용해야 한다. 시설에서 발생하는 나방류의 알 기간은 보통 3~4일 이내이므로 나방의 알이 부화한 이후에는 소용이 없다. 알벌 방사 후 기생 여부의 확인은 약 일주일 정도이며, 기생된 알은 검은색으로 변한다.

쌀좀알벌(*Trichogramma evanescens*)

쌀좀알벌은 한반도는 물론 중국 남부에서 북동부,시베리아, 일본에 분포하는 토착종으로 배추, 양배추 등의 십자화과작물 및 옥수수 밭에 주로 서식하며, 과수원과 산림에도 서식한다.

▶**생태** 성충은 꽃가루와 물을 주로 먹지만, 암컷은 때때로 산란을 끝낸 후 산란관을 꽂았던 구멍을 통해 알의 체액을 먹기도 한다. 기주 범위가 매우 넓어서 나방류 알의 대부분에 기생하지만, 나방의 산란 생태적 특성상 기생률이 높은 경우와 낮은 경우로 나누어 볼 수 있다.

▶**방제 효과** 쌀좀알벌의 수명과 산란 수는 온도와 기주 알의 존재 여부에 따라 크게 달라지며, 차색알락명나방(*Ephestia elutella*)알로 사육하는 경우에는 최적온도가 25~30℃이다. 알벌류가 기생하는 시기는 나방이 갓 낳은 알이거나 산란 1~2일 된 알에 기생할 수 있다. 3~4일 된 알은 이미 발육중인 유충이 알 속에 있기 때문에 기생되더라도 발육하지 않는다. 따라서 페로몬 트랩이나 기타 예찰법을 이용하여 지속적으로 예찰하는 것이 중요하며, 나비목 해충의 성충이 1마리 이상 관찰되면 즉시 알벌을 방사해야 한다.

▶**주의 사항**

◈ 알벌 카드를 설치할 때에는 그늘에 매달아 놓는다.

◈ 알벌 카드 설치 후 3일 이내에 분무 형태의 관수를 금한다.

◈ 방사 직후에 엽면 시비, 농약 살포를 금한다.

◈ 포장에 발생하는 나방이 적용 가능한 나방인지 전문가와 상의한다.

곤충병원성 선충(*Steinernema carpocapsae*)

곤충병원성 선충은 곤충에 기생하여 병(폐혈증)을 유발시켜 사망시키는 기생성 선충류이다. 이 선충들은 나비목 유충, 딱정벌레류 유충, 파리류 유충 등 기주범위가 넓다. 국내에서 생산하는 병원성 선충에는 *Steinernema carpocapsae*가 있다. 병원성이 뛰어나 농업 해충 및 잔디 해충, 산림 해충 등 다양하게 이용될 전망이다. 곤충병원성 선충은 일반 천적과는 이용방법이 달라서 일반 농약을 살포하는 것처럼 분무기를 사용하여 살포한다.

번데기에 감염된 곤충병원성 선충이 탈출하는 모습

▶번식 기주 몸체에 침입한 선충은 바로 자기증식에 들어가며, 나방류 유충 한 마리에 약 20만 마리의 선충이 증식된다. 기주 몸체에서 가득 증식되면 표피를 뚫고 밖으로 탈출한다.

▶방제 효과 곤충병원성 선충은 해충 몸체에 침입하면 보통 24시간 이내에 병을 일으켜 사망시키며, 기주 몸체의 성분으로 자체 증식을 시작한다. 병원성 선충을 살포한 직후 1일 이내에 사망되는 것을 확인할 수 있어서 독성이 큰 살충제와 같이 빠른 방제 효과를 볼 수 있다.

07 작은뿌리파리의 천적

작은뿌리파리의 서식장소는 부엽토, 퇴비, 상토 등과 같이 습한 곳에서 유충과 번데기 기간을 보낸다. 유충시기에 작물의 뿌리를 가해하여 생육을 저해시키는 원인이 된다. 특히, 상토를 많이 이용하는 육묘장에서 발생이 심하여 파종 후 육묘 관리기간에 적지 않은 피해를 주고 있다.

작은뿌리파리 - 성충

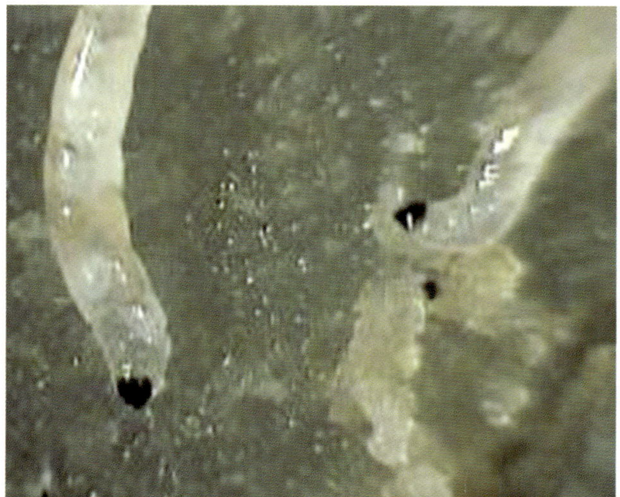
작은뿌리파리 - 유충

뿌리이리응애(*Hypoaspis miles*)

이 종은 외래 천적으로 습도가 있는 토양에 서식하는 작은(0.5mm)포식성 응애다. 주로 지표면으로부터 약 1cm 정도 되는 곳을 기어다니며 크기가 작은 해충들을 포식하며 살아간다. 외국에서는 시설 하우스에 발생하는 작은뿌리파리(fungus gnat)해충 방제에 널리 이용되고 있다. 우리나라의 시설재배는 대부분 토경재배 형태이며, 작기가 끝난 후 지력 향상을 위해 많은 양의 퇴비 같은 유기질 비료를 투입하여 발생이 많다. 뿐만 아니라 육묘장과 같은 곳에서 발생이 심하여 많은 피해를 보고 있어 우리 실정에서 유용하게 쓰여질 수 있는 포식응애로 주목받고 있다.

▶생태 알은 토양 속에 산란하며, 알에서 성충까지 약 7~11일 정도 걸린다. 먹이가 없을 경우 조류 또는 식물체 부스러기 등을 먹고 산다. 1일 포식량은 약 5마리 정도다.

▶방제 효과 어린 유충이나 알을 포식하기 때문에 발생 초기에 방사하는 것이 가장 좋다. 작은뿌리파리 이외에 톡토기, 총채벌레 번데기 등 다른 해충류들도 잡아먹어 해충밀도 억제에 많은 기여를 하고 있는 종이다.

▶주의 사항

◈ m^2당 작은뿌리파리가 증식하기 전 100마리, 그 후에는 300마리를 사용한다.

◈ 병을 열기 전에 여러 차례 병을 돌려서 골고루 섞이게 한다.

◈ 토양살충제를 살포한 곳에는 사용하지 않는다.

◈ 10~20℃에서 운반하고 18시간 이내에 사용해야 한다.

총채가시응애(*Hypoaspis aculeifer*)

이 종은 해충의 포식범위가 넓으며, 지표에서 서식한다. 1995년부터 유럽에서 사용하기 시작하였고, 총채벌레류 번데기, 뿌리응애류, 톡토기류, 작은뿌리파리 등의 해충 방제 목적으로 활용되고 있다.

총채가시응애가 먹이를 먹는 모습

▶생태 토양 지표면에서만 서식하는 해충이다. 작물의 줄기나 잎으로 기어서 올라가지 않는다. 발육 최적 온도는 22℃이며, 12~32℃의 온도에서 생존한다. 온도가 높아질수록 발육기간은 짧아지고, 총 산란수는 발육 적온 이상의 고온일수록 줄어든다. 최적 발육온도인 22℃에서 산란수가 87개로 가장 많고, 암컷 비율도 80%로 가장 높다.

▶방제 효과 총채가시응애 10마리/cm²를 방사했을 때, 꽃노랑총재벌레의 번데기 우화율이 46%이상 감소했다는 보고가 있고 평균적으로 30% 이상의 방제 효과를 보인다.

▶주의 사항

◈ 작물의 정식 후에 바로 방사하여 사전에 정착시킨다.

◈ 독성이 강한 토양 살충제 사용을 금한다.

◈ 토양이 건조할 경우 습하도록 관수를 한다.

◈ 곤충병원성 선충과 함께 사용할 때는 방사 시기를 달리한다.

천적 이용의 클레임과 대책

클레임(claim)은 건설 분야에서 많이 사용하는 용어로 계약 당사자 일방에 문서상으로 요청 또는 주장하는 것인데, 여기서 클레임이란 천적을 이용한 사람이 해충 방제 효과가 없다고 주장하는 것으로 정의한다.

천적을 이용한 해충 방제 효과는 생물적 방제가 실용화된 구미 선진국에서 1970년대부터 검증되었으나 우리나라에서 천적 이용은 이제 시작단계로 충분한 검증을 거치지 못하고 있는 것이 현실이다. 아직 우리 농민 대부분은 해충 방제를 위해 천적을 이용한 경험이 없어 천적에 대한 충분한 이해가 부족한 형편이다. 천적을 사용한 경험이 있는 농민의 대부분은 아직 천적 사용의 효과에 대하여 불안해하는 분위기다. 왜 천적 사용의 효과가 없는가를 밝히는 것은 천적을 사용해 본 농민 그리고 앞으로 사용할 농민에게 천적 이용 효과에 대한 불안감을 해소시켜 줄 수 있을 것으로 본다.

천적은 농약과 달리 살아 있는 생물로 환경의 영향을 많이 받는다. 우리의 환경에 맞는 천적 이용 프로그램이 아직 확립되어 있지 않기 때문에 천적 이용에 따른 문제점이 발생되고 있다. 천적 이용에 따른 클레임에는 어떤 것이 있는지를 주요 천적별로 원인과 그 대책을 살펴본다. 끝으로 천적 이용에 가장 큰 장애가 되는 농약 사용에 관해서도 살펴보기로 한다.

칠레이리응애 이용

♣칠레이리응애는 다른 어떤 천적보다 해충 방제 효과가 뛰어난 것으로 알려져 있지만 이 천적을 사용해 본 농민 중의 일부는 그 효과에 만족하지 못하고 있다. 칠레이리응애 사용에 따른 클레임의 유형은 (1) 칠레이리응애가 정착을 못하는 경우
(2) 칠레이리응애가 정착은 하지만 점박이응애의 밀도를 따라가지 못하는 경우가 있다. 그 외에도 제품 불량과 취급자의 천적에 관한 이해 부족으로 잘못 사용하여 발생되는 문제가 있다.

♣칠레이리응애가 전혀 정착을 못하는 원인은 첫째, 천적에 해로운 농약이나 유기농 자재의 영향이고, 둘째는 점박이응애가 전혀 없을 때 칠레이리응애를 방사하여 칠레이리응애가 먹이 부족으로 더 이상 생존할 수 없어 정착하지 못하게 된 경우이다. 칠레이리응애의 정착 여부는 방사지점(점박이응애 발생지점)을 표시하고 그 후 2~3일간 표시한 지점에서 칠레이리응애의 발견 여부로 알 수 있다. 방사한 천적이 잘 정착하지 못하면 천적 사용을 포기하는 것이 좋다.

♣칠레이리응애가 정착은 하였으나 점박이응애의 밀도를 따라 가지 못하는 경우는 다음의 3가지 원인으로 추측된다.
첫째, 시설 내의 온도는 높고 습도가 낮은 경우다. 칠레이리응애가 생활하기 좋은 습도조건은 75% 이상이며, 습도가 40% 이하로 낮아지면 칠레이리응애의 부화율이 떨어진다. 관수 후 칠레이리응애를 투입하면 방제 효과를 높일 수 있다. 칠레이리응애가 생존에 부적합할 정도로 온도가 높아지지 않도록 적절한 환기도 필요하다.
둘째, 칠레이리응애를 방사하기 전 천적에 해로운 농약을 살포하였을 경우다. 농약성분은 오랫동안

잔류하여 천적을 죽이기도 하지만 때로는 활력을 떨어뜨리고 증식력의 저하를 야기한다. 이런 경우도 천적 사용을 포기하거나 아니면 많은 양의 칠레이리응애를 추가로 방사해야한다.
셋째, 점박이응애의 밀도는 높은데 투입한 천적의 양은 충분하지 못한 경우이다. 이런 경우 상당기간 점박이응애로 인한 피해가 나타난 후에 천적의 투입 효과가 나타나기 때문에 천적 사용을 포기하거나 아니면 칠레이리응애의 방제 효과가 나타날 때까지 피해를 감수하면서 기다려야 한다. 천적 이용의 첫 번째 성공 포인트는 해충 밀도가 낮을 때 천적을 사용하는 것이다. 따라서 천적 투입 적기를 알아내기 위해서 해충의 발생 여부를 정밀하게 예찰하는 것이 무엇보다 중요하다.

♣천적 생산회사가 불량제품을 생산 보급하여 표시된 양보다 적은 천적을 투입할 수도 있다. 천적 구매자는 천적제품을 수령 즉시 제품의 이상 유무를 확인해야 할 필요가 있다.

♣천적 생산자가 규격에 맞는 천적을 공급하였으나 천적 이용자가 취급을 잘못하여 천적이 죽은 것도 모르고 이용할 수도 있다. 칠레이리응애는 위로 향하는 행동습성이 있어 상온에서 천적을 담은 병을 오랫동안 세워 두면 칠레이리응애는 병마개 쪽으로 올라와 동족 포식을 하게 되어 포장에 방사하기도 전에 천적의 기능을 할 수 없게 되는 경우도 있다.

온실가루이좀벌 이용

♣온실가루이좀벌에 의한 온실가루이의 방제 효과는 다른 천적에 비해서 확실하므로 실패할 경우가 많지 않으나 다음과 같은 경우에는 문제가 될 수 있다. 온실가루이좀벌을 방사한 후 15~20일 후에는 온실가루이좀벌의 머미가 보이지 않으면 거의 농약이나 유기농 자재의 영향을 받은 것으로 볼 수 있다. 이런 경우 천적의 사용을 포기하고 약제로 방제하는 것이 좋다.

♣온실가루이좀벌의 머미는 형성되지만 온실가루이 발생량이 증가하면 다음의 4가지 원인을 생각해 볼 수 있다. 첫째, 천적 도입 후 시설 내의 온도가 17℃ 이하의 저온인 경우다. 가을이나 겨울철에 시설 내의 온도가 낮으면 온실가루이좀벌은 활동을 제대로 하지 못한다. 둘째, 농약 잔류의 영향도 오랫동안 온실가루이좀벌은 정착하지 못하게 한다. 셋째, 온실가루이의 밀도가 높을 때 온실가루이좀벌을 충분하게 방사하지 못하면 방제 효과가 불확실하게 된다. 이런 경우에는 추가 방사를 하거나 아니면 천적 사용을 포기해야 한다. 칠레이리응애와 같이 해충 발생 초기에 천적을 이용하는 것이 무엇보다 중요하다. 넷째, 토마토의 결실을 위하여 하위 잎을 따주는 경우다. 온실가루이좀벌은 온실가루이의 3~4령에 기생하고, 그 후 10여일 이후에 머미가 형성된다. 따라서 새잎에는 머미가 형성되지 않고 오래된 잎에 천적인 온실가루이좀벌의 머미가 많이 붙어 있다. 천적이 붙어 있는 오래 된 잎을 밖으로 반출하면 천적은 번식을 하지 못하게 되는 것이다.

♣온실가루이좀벌도 칠레이리응애와 같이 불량제품 판매나 취급 불량으로 인한 클레임이 있을 수 있으나 기생자이기 때문에 포식자와 같은 문제는 없다.

총채벌레 방제의 천적 이용

♣애꽃노린재를 방사했으나 애꽃노린재와 다른 포식성 천적이 보이질 않고 총채벌레만 발생하면 농약이나 유기농자재에 의한 영향을 받았을 가능성이 있다. 이런 경우 천적 이용을 포기해야 한다. 총채벌레의 천적인 오이이리응애는 너무 작아 정착 여부를 확인하기 쉽지 않다.

♣애꽃노린재와 오이이리응애가 정착은 하지만 밀도가 낮고 총채벌레가 계속 발생하면 그 원인은 다음의 4가지로 구분해 볼 수 있다. 첫째, 우리나라에서 이용하고 있는 애꽃노린재는 으뜸애꽃노린재(*Orius strigicollis*)로 토착종이며 겨울에 휴면을 한다. 이런 천적을 가을이나 겨울에 조명없이 사용하면 산란이나 포식활동을 중지하고 겨울잠을 자기 때문에 방제 효과가 없다. 외국에서는 휴면을 하지 않는 미끌애꽃노린재(*Orius laevigatus*)를 이용하고 있다. 둘째, 천적에 해로운 농약이나 유기농자재의 잔류 영향을 들 수 있다. 농약은 직접 천적을 죽이지는 않지만 오랫동안 활력을 떨어뜨리게 할 수 있다. 이런 경우 천적 사용을 포기하거나 아니면 천적을 추가로 투입해야 한다. 셋째, 오이이리응애 투입 후 낮은 습도 조건이다. 투입할 때 습도가 낮으면 오이이리응애를 봉투에 넣어 방사하거나 관수하여 습도를 높여 주면 정착에 유리하다. 넷째, 천적 투입시기가 늦어 총채벌레의 발생밀도가 높은데 투입한 천적의 양이 상대적으로 적은 경우다. 이런 경우 천적을 추가로 방사해야 하지만 천적의 효과가 나올 때까지 피해를 감수해야 한다.

♣애꽃노린재와 오이이리응애도 불량제품이 있을 수 있다. 애꽃노린재는 포식성으로 동족 포식이 강하기 때문에 취급에 주의가 요망된다.

진딧물 방제의 천적 이용

♣진디벌 투입 후 진딧물은 발생하지만 진디벌이 전혀 보이지 않고, 10일이 지난 후에도 진디벌 머미가 보이지 않으면 농약이나 유기농자재에 의한 영향으로 볼 수 있다. 작물의 잎을 따서 샤레에 넣고 천적의 생존 여부를 확인하여 천적의 정착 가능성을 확인해야 한다. 천적이 생존해 있지 않으면 천적 이용을 포기하는 것이 좋다.

♣천적 유지식물인 뱅커플랜트가 불량하면 진딧물의 방제 효과를 기대할 수 없다. 뱅커플랜트의 불량 원인은 다음의 5가지로 구분할 수 있다. 첫째, 뱅커플랜트에 중기생자가 발생한 경우다. 이 때 뱅커플랜트를 교체하고 진디혹파리나 무당벌레 등 포식성 진딧물 천적을 방사해야한다. 둘째, 뱅커플랜트에 무당벌레나 풀잠자리가 발생하여 보리에 있는 진딧물을 포식하여 진딧물이 존재하지 않아 천적인 진디벌도 생존할 수 없게 된다. 이런 경우 포식자를 손으로 제거해야 한다. 셋째, 뱅커플랜트의 진딧물이 한꺼번에 기생벌에 의해 기생당하거나 또는 진딧물이 너무 적게 발생한 경우다. 이런 경우 보리두갈래진딧물을 추가적으로 접종해야한다. 넷째, 고온기에 뱅커플랜트의 보리가 고온 장애로 오래 생육할 수 없을 경우다. 이런 경우에는 보리 대신 옥수수 등과 같은 다른 식물을 뱅커플랜트로 사용해야 한다. 다섯째, 뱅커플랜트의 사용 시기가 늦은 경우다. 진디벌 뱅커플랜트는 예방용으로 사용해야 효과가 크지만 진딧물의 발생량이 많으면 방제 효과가 현저히 떨어진다. 이런 경우에는 포식력이 뛰어난 무당벌레나 풀잠자리를 진디벌과 함께 이용해야 한다.

♣끝으로 진디벌에 의한 진딧물의 밀도 억제 효과는 진딧물의 밀도가 아주 낮을 때 도입해야 만족할 만한 효과를 거둘 수 있다. 뱅커플랜트의 사용 효과는 설치 직후보다는 2~4개월이 지난 후에 효과가 크게 나타남으로 뱅커플랜트를 설치했다고 안심해서는 안되며, 진딧물 밀도가 높으면 진디벌이나 무당벌레와 같은 천적을 추가적으로 투입해야 한다.

잡초관리

01 잡초다루는 방법

미리막기

예방법 또는 예방적 방제법(preventive control method)이라고 한다. 잡초문제의 화근이 되는 잡초의 씨앗이나 번식체가 밖으로부터 흘러드는 것을 미리 막아서 문제를 만들지 않으려는 수단들을 말한다. 미리막기에는 농사나 땅 일구는 모든 일에서 청결하게 하고 화근을 옮겨지지 않도록 하는 위생법(sanitation)과 법제도를 만들어 검사하거나 수출입을 제한하는 법장치(legal measure)로 나누어진다.

〈위생법〉	〈법장치〉
▶ 씨뿌림과 가꾸기의 합리화 ▶ 농작물의 씨앗 고르기 ▶ 농기계나 농기구의 청소 ▶ 가축의 통제된 관리 ▶ 물대고 빼는 물길의 청결화 ▶ 운반되는 흙의 관리 ▶ 관상식물이나 날아 다니는 씨앗 관리 ▶ 농작물 씨앗거두기때의 오염 막기 ▶ 씨앗 고른 찌꺼기의 처리(퇴구비 및 사료화)	▶ 상품씨앗의 품질 밝히기(labelling) ▶ 상품씨앗의 검역법 제정 ▶ 문제 초종의 무리에 대한 법적 처방

흔히 경종적, 재배적 또는 생태적 방제법(ecological control method)이라고도 한다. 농작물과 잡초종의 생리 · 생태적 특성 차이에 바탕을 두고 농작물의 자리다툼력을 북돋아 주는 한편 잡초종의 자리다툼력을 떨어뜨릴 수 있는 재배 · 관리수단들을 일컫는다.

농사법다루기

자리다툼 특성 이용하기 농사짓기틀(작부체계)을 분명히 하고 모를 키워 모내기(옮겨심기)를 하며 심는 밀도를 높이고 농작물 종류나 품종은 물론 깨끗한 씨앗을잘 가려 가꾸되 씨뿌릴 곳을 철저하게 소독한다. 경우에 따라서는 보다 강건한 작물모를 확보하기 위하여 다시씨뿌림(재파종)하거나 대신씨뿌림(대파)하고 땅깔림성(피복성)이 큰 작물을 키우며, 농작물의 병 · 해충 · 선충의 피해를 막는 수단들이다.

환경다루기 농작물을 심어 가꾸는 환경을 바꾸어 주는 수단들로서 거름주기 · 물대고빼기 · 땅갈이 제한 · 땅의 산도를 개량하거나 특수환경을 만들기 위하여 설비를 하는 따위의 수단들을 일컫는다.

힘다루기

기계적 또는 물리적 방제법(mechanical 또는 physical control method) 이라고도 한다. 자라고 있는 잡초의 몸체나 잠들어 쉬고 있는 잡초의 씨앗 또는 번식체에 기계적인 힘을 기울여서 피해를 주고 억제하며 몰아내는 수단들을 일컫는다.대표적인 수단들로는 풀매기(손제초) · 갈아엎기 · 낫질 · 불태우기 · 덮어씌우기 · 열처리 · 물가두기 또는 사슬끌기(물속)나 뽑아내기(굴취법)와 같은 것들이 있다.

생물힘빌리기

흔히 생물적 방제법(biological control method)이라 한다. 잡초종에 대하여 특이한 빌붙어살기 · 먹어치우기 · 병일으키기를 하는 생물의 힘을 빌려서 잡초종의 무리크기를 떨어뜨리는 수단들을 일컫는다(Huffaker, 1964). 이들 수단은 목적하는 바가 결코 어떤 잡초종을 완전히 없애는 데 있지 않고 경제적인 점에서 무시해도 좋을 정도의 크기로 살아 남도록 조절하여 이끄는 데 있다. 여기에 이용되는 생물, 즉 잡초의 천적(natural enemy)으로는 특정한 잡초종만을 공격하는 병원균이나 벌레 · 작은 짐승 · 어패류 또는 독성물질을 흘려내는 식물들을 보기로 들 수 있다. 벼가 자라는 논에 왕우렁이나 아졸라(azolla) 또는 오리와 같은 생물을 집어넣는 잡초관리들이 모두 이 수단의 하나라 할 수 있다. 호주에서 야생선인장을 고추좀벌레로 억누를 수 있었던 좋은 본보기가 있다.

풀약뿌리기

흔히 제초제, 또는 화학적 방제법(herbicidal 또는 chemical control method)이라 부른다. 풀약은 농업의 생산력을 높이고 농산물의 품질을 좋게 하며 물의 관리를 쉽게하고 결과적으로 농사짓기에서 품의 효율을 높이는 데 더없이 좋다. 그러나 농작물과 잡초 사이에 나타나는 생리 · 삶꼴 · 생김새의 차이점과 환경조건의 변화, 풀약의 물리 · 화학적 특이성이나 뿌리는 방식의 차이점 등에 바탕을 두고 가려죽이기(선택살초)를 이룩해야 하기 때문에 농작물이나 환경에 풀약의 피해가 전혀 없도록 하면서도 ,잡초를 효과적으로 몰아내는 데는 어쩔 수 없는 어려움이 따른다. 따라서 풀약이 갖추어야 할 조건들을 들어보면 다음과 같다.

▶독성이 낮아서 사람이나 가축, 그리고 환경에 대한 위험성이 적어야 한다.

▶농작물에 대한 피해가 적은 동시에 풀몰이 효과를 높이기 위하여 농작물과 잡초에 대한 가려죽임성이 분명해야 한다. 대체로 작물가림성이 높을 경우에는 쓸 수 있는 작물종류의 폭이 좁아지고 잡초종류의 폭이 커지는 반면에 작물가림성이 낮을 경우에는 잡초종류의 폭이 좁아진다.

▶온도 · 물끼 · 햇살 · 땅과 같은 환경의 변화에 따른 안정성(stability)이 분명해야한다. 풀약을 뿌릴 때에는 식물 마다 차이와 뿌리는 수단이나 기술의 특성을 이용하게 되므로 환경에 의한 안정성이 없다면 실제의 사용면에서 불안과 어려움이 따른다.

▶값이 싸서 잡초의 약뿌려 몰아내기에 경제적 만족이 뒤따라야 한다. 그 까닭은 풀약뿌리기가 품의 고통을 덜어 주기에 앞서서 경제적인 노동생산성을 높이는데 더욱 목적이 있기 때문이다.

▶풀약의 만들어진 모양이나 무게 · 부피 · 담아꾸리기 및 이화학적 성질이 풀약을 만들고 옮기며 갈무리하거나 뿌리는데 안전하고 편리해야 한다.

02 잡초다루기 설계기술 자료

잡초다루기를 설계하기 위해서는 지금까지 연구 · 조사되고 시험된 결과들을 현장기술로 정리하여 각 처리단계마다 필요한 기술을 골라낼 수 있어야 한다. 이 부분의 기술들을 체계적으로 정리하여 나타낸 본보기로서 Aldrich와 Kremer(1977)의 'Principles in Weed Management' 의 필요한 예비지식 내용을 소개하고자 한다.

잡초씨앗의 힘

- ▶ 작물의 경우에는 씨앗맺기를 억누르는 조건에서도 대부분의 잡초는 정상적인 힘을 지킨다.
- ▶ 씨앗맺기가 일찍 시작되고 뒤늦게까지 지속된다.
- ▶ 제대로 맺지 않은 씨앗도 싹튼다.
- ▶ 그늘에서는 씨앗맺힘이 줄어진다.
- ▶ 흙속으로 흘러드는 밖의 씨앗량은 많지 않다.
- ▶ 밖의 씨앗은 새로운 땅으로 흘러들기에 앞서서 대부분 죽게 된다.

번식체의 힘

- ▶ 잡초로 나타나 몇 주일이 지나면 영양체가 만들어진다.
- ▶ 몸체자람의 촉진요소(예, 고농도 질소 · 음지 · 과도한 물끼와 낮은 온도 따위)는 번식체 자람을 억제한다.
- ▶ 번식체 자람에 생장조절제의 영향이 있다.
- ▶ 그늘에서 번식체 자람이 떨어진다.

씨앗의 목숨

- ▶ 잡초 씨앗은 흔히 잠들어쉬기를 하며 온도 · 물끼에 대한 견딜성이 크다.
- ▶ 흙속에 흘러들면 2~3년에 대부분 싹터 나오지만 잠들어쉬는 기간이 더욱 긴 것들도 많다.
- ▶ 흙속에 깊이 묻히면 목숨이 길게 연장된다.
- ▶ 땅갈이하면 목숨이 짧아진다.

번식체의 모습

- ▶ 잠들어쉬기가 일정하지 않다.
- ▶ 대부분은 한 해 안에 싹터 나오거나 죽지만 길게 사는 것들도 있다.
- ▶ 자연상태에서는 살아 남는 견딜성이 크다.
- ▶ 흙에 깊이 묻히면 오래 사는 것이 보통이다.
- ▶ 땅갈이로 목숨이 짧아진다.

씨앗의 싹트기와 땅위 솟아나기

- ▶ 땅위 솟아나기는 땅속 깊이에 역비례한다. 4cm 이상의 깊이에서 땅위 솟아나기가 크게 줄지만 싹트기 자체는 조건에 따라 깊이문제를 벗어난다.
- ▶ 대부분의 잡초씨앗은 흙깊이나 그늘만으로도 잠들어쉬기를 가능케 한다.
- ▶ 대부분 씨앗에는 화학적 발아억제물질이 포함되어 있다.
- ▶ 흔히 싹트기에는 햇살이 요구된다.
- ▶ 대부분 씨앗은 싹트기와 정상의 자람에 조건이 알맞는지를 미리 아는 힘이 있다.
- ▶ 대부분 환경요인은 절대적이 아니라 상대적으로 받아들여진다.

영양체의 싹트기와 땅위 솟아나기

- ▶ 땅위로 솟는 빠르기는 묻힌 흙의 깊이에 반비례하지만 씨앗보다 깊은 층에서 솟아나는 경우도 많다.
- ▶ 땅위 솟아나기는 영양체의 크기에 직접 관련한다.
- ▶ 싹트기는 질소와 탄소함량에 직접 연관된다.
- ▶ 번식체의 눈 사이에는 서로간의 싹트기 억제원리가 있다. 끝눈의 영향력이 가장 크다. 다만 번식체를 모체에서 떼어 놓으면 영향력이 커지고, 뿌리줄기에 의한 쪽을 떼어내면 영향력이 줄지만 영향력 자체가 사라지진 않는다.

자리다툼

- ▶ 잡초관리는 이를수록 효과적이다.
- ▶ 농작물 자람기간의 앞쪽 $\frac{1}{3}$지점 이후에 나타나는 잡초는 자리다툼력이 작다.
- ▶ 작물소출에 대한 잡초발생숫자의 영향은 곡선회귀적이고 발생무게의 영향은 직선회귀적이다.
- ▶ 대부분 한해살이 잡초종은 자리다툼 견딜성이 약하다.
- ▶ 작물종류나 품종마다 자리다툼력이 다르다.
- ▶ 한해살이 잡초종은 한해살이 농작물에, 여러해살이 잡초종은 여러해살이 농작물에 자리다툼력이 크다.
- ▶ 잎과 줄기는 땅위 부분 다툼의 주체로서 받아들이는 햇살량과 질에 영향을 미친다.
- ▶ 뿌리는 땅속 부분 다툼의 주체로서 흩어져 뻗어 있는 범위의 크기로 다툼력을 나타낸다.
- ▶ 대부분의 한해살이 잡초종은 다툼하는 농작물보다 사는 기간이 짧다.
- ▶ 자람조건에 대한 자리다툼의 결과는 다른 요인에도 영향을 끼친다.
- ▶ 자리다툼의 정도에 따라 작물과 잡초 모두의 생산성이나 생장조절력이 달라질 수 있다.

서로 맞서 억누르는 작용

- ▶ 억제물질은 일부 식물종에서 흘러나와 다른 종의 싹트기나 자람을 억누른다.
- ▶ 억제물질은 식물체 어느 부위에서도 흘러날 수 있다.
- ▶ 분비량에 따라 억제력이 직접 달라진다.
- ▶ 억제작용은 어느 식물의 자람에서나 또는 기능에 영향을 끼칠 수 있으며 어느자람 단계에서도 가능하다.
- ▶ 억제물질은 휘발 · 용탈 · 증산 · 분해과정을 거치며 환경 속으로 흘러든다.
- ▶억제물질은 여러 가지 화학구조로 되어 있고 식물의 어떤 대사과정에서도 나타날 수 있다.

생물적 관리처방

- ▶ 잡초에 대한 천적은 식물을 가해하는 곤충 · 병원균 또는 선충 안에 있다.
- ▶ 일부의 천적생물은 잡초의 꽃이나 씨앗을 가려서 가해한다.
- ▶ 가장 효과적인 생물적 관리처방은 같은 종류의 잡초에 붙어 사는 천적을 이용하는 경우이다.
- ▶ 천적 도입후 3~5년, 또는 그 이상에 걸쳐서 골라 가며 가해할 천적생물의 새끼 불리기와 자리 굳히기 과정이 요구된다.
- ▶ 식물병원균을 이용할 경우에는 한 차례 접종만으로도 순발력있는 효과가 나타나야 실용적이다.

재배적 관리처방

- ▶ 고정된 수단만으로 풀몰이를 하면 견딜성의 다시나기(진화)가 진전되어 잡초 무리의 꾸밈이 달라진다.
- ▶ 한작물짓기를 하면 잡초종은 단순해지지만 전체적인 발생량은 늘어 간다.
- ▶ 풀약으로 잡초무리꾸밈을 골라 조절할 수 있다.
- ▶ 땅갈지않기는 여러해살이 잡초종 몰이에 비효과적이다.
- ▶ 한해살이 잡초종 가운데 땅덜갈기를 하게 되면 땅 겉면 싹트기를 하는 바랭이와 같은 초종은 나타나는데 도움이 되지만 나팔꽃과 같이 땅속 깊은 데서 싹트는 초종에는 불리하다.
- ▶ 풀약은 농작물과 잡초가 함께 사는 공간에서도 풀몰이를 가능케 한다.
- ▶ 땅갈이 방식이나 깊이에 따라 잡초 씨앗의 땅겉면 자리차지가 달라지며, 표준화된 쟁기질에 의하면 이들을 비교적 균일하게 흩뜨릴 수 있다.
- ▶ 땅겉의 부스러기가 잡초씨앗의 싹트기 · 살아남기 · 무리짓기를 다르게 하고 땅에 뿌리는 풀약의 효과를 다르게 한다.
- ▶ 작물 종류나 품종마다 자리다툼력이 다르고 가꾸는 햇수에 따라 잡초종 꾸밈이 달라질 수 있다.
- ▶ 씨뿌림량을 늘리거나 씨뿌림나비를 좁혀서 작물의 밀도를 높이면 키 큰 잡초의 자람이 좋아진다.
- ▶ 농작물에 대한 틀잡힌 풀약의 골라쓰기로 잡초종의 자람량이나 꾸밈이 달라진다.
- ▶ 잡초의 씨맺힘을 억누르는 풀약을 뿌릴 수 있다.
- ▶ 농작물 종류나 주요 잡초종에 따라 잡초의 경제적 발생허용 범위를 비교적 정밀하게 알아낼 수 있다.
- ▶ 땅속의 잡초씨앗과 환경에 바탕을 두고 잡초의 나타남과 자람량을 미리 짐작할 수 있다.
- ▶ 농경지의 특정한 여러해살이 잡초종은 작물가꾸기 앞뒤로 사이짓기하거나, 또는 돌려짓기를 하므로써 쉽게 몰아낼 수 있다.
- ▶ 잡초관리 설계는 잡초자람량을 가장 적게 할 수 있는 때와 처리시간 흐름에 따른 비용산출을 함께 하며 만들 수 있다.

03 미리막기

▶ 잡초자람 · 씨맺음 억제용 천적 도입

◈ 씨맺기 · 사는힘 · 잠들어쉬기 억제용 기술 처리

◈ 씨앗 · 번식체 싹트기 도움용 약처리

◈ 씨앗 죽이기 미생물 활용

▶ 겨울나기 때에 씨앗 · 번식체를 땅 위로 끌어 올려 건조처리

◈ 계획적인 낮추갈이 반복

▶ 햇살가리개 역할 큰 작물품종 고르기

◈ 햇살가리개 먼저차지를 위한 이른 씨뿌림 또는 깔이 이용

◈ 작물걷우기 뒤에 깔이작물 가꾸기 또는 깔이 이용

◈ 서로 맞서 억누르는 작물품종 고르기

◈ 작물 가림성 질소거름법

04 잡초나타나기 억제 기술설계

▶ 잡초종수 줄이기 목적의 깊이갈이

◈ 작물씨뿌리기 앞선 낮추갈이

▶ 자리다툼력 큰 작물품종 고르기

▶ 서로 맞서 억누르는 작물이나 품종고르기

◈ 농사짓기틀 변화

◈ 농사짓기때 조절

◈ 깔이가꾸기

▶ 나타나기 앞뒤의 땅 뿌림 풀약

◈ 풀약의 돌림사용 또는 점처리

05 잡초의 자리다툼 줄이기 기술설계

▶ 작물기르기 기술을 함께 하는 제한적 땅갈이

▶ 자리다툼성 · 서로 맞서 억누르는 작물이나 품종 고르기

◈ 작물에게만 미치도록 깊은층 거름주기 또는 물대기

▶ 풀약의 돌림사용이나 점처리 따위

마늘 병해충방제 핵심재배법

인　쇄　2024년　3월　10일
발　행　2024년　3월　15일

지 은 이　차광홍 · 정우진 · 김길용
발 행 처　학술정보센터 · 전남대학교 친환경농업연구소
기　획　학술정보센터

신고번호　제 2018-000065호
제　작　학술정보센터
주　소　서울시 강서구 개화동로 8길 38
홈페이지　www.dogamnara.co.kr　학술정보센터 도감나라
전　화　02-878-0538
팩　스　02-878-0937
정　가　50,000원
ISBN　978-89-94174-22-8(96520)

사사
본 결과물은 농림축산식품부의 재원으로 농림식품기술기획평가원의 농생명산업 기술개발사업의 지원을 받아 연구되었음(no316032-5)

• 식물병원체, 잡초관리, 천적이용방제편 내용은 학술정보센터 출처